ELEMENTOS

DE MECÂNICA DOS FLUIDOS

Blucher

MAURO S. D. CATTANI

Professor Titular do Instituto de
Física da Universidade de São Paulo

ELEMENTOS DE MECÂNICA DOS FLUIDOS

2ª edição

Elementos de mecânica dos fluidos
© 2005 Mauro S. D. Cattani
2ª edição - 2005
5ª reimpressão - 2019
Editora Edgard Blücher Ltda.

Blucher

Rua Pedroso Alvarenga, 1245, 4º andar
04531-934 - São Paulo - SP - Brasil
Tel.: 55 11 3078-5366
contato@blucher.com.br
www.blucher.com.br

FICHA CATALOGRÁFICA

Cattani, Mauro S. D.,
Elementos de mecânica dos fluidos / Mauro S. D. Cattani - São Paulo: Blucher, 2005.

Bibliografia.
ISBN 978-85-212-0358-2

1. Mecânica dos fluidos I. título.

05-0320 CDD 620.106

Índice para catálogo sistemático:
1. Mecânica dos fluidos aplicada: Engenharia 620.106

Para:

Maria Luiza, Maria Beatriz,
Marta e Olívia

PREFÁCIO

O curso de Mecânica dos Fluidos é ministrado no Instituto de Física da Universidade de São Paulo a partir do 5º semestre. Ele é optativo para os físicos e obrigatório para os meteorologistas. Tem a duração de um semestre e destina–se a dar aos estudantes somente as idéias básicas sobre o assunto.

Como o tempo é limitado e o curso introdutório, não encontrei um livro único que pudesse servir como texto. Por isso redigi estas **notas**, onde procurei salientar somente os aspectos que considero fundamentais para o entendimento da Mecânica dos Fluidos. Para não tornar o texto muito extenso, omiti as sugestões feitas em classe, de como aplicar as noções básicas de fluidos em plasmas, astrofísica, meteorologia, engenharia, partículas elementares, física nuclear, fenônemos de baixas temperaturas, etc. Não sou especialista em Fluidos, mas apenas um professor preocupado em escrever um roteiro para um curso que contivesse um mínimo indispensável de informações sobre a matéria.

São Paulo, 16 de setembro de 1989

Mauro Sérgio D. Cattani

ÍNDICE

II. FLUIDOS REAIS

PROLEGOMENA

Pressupomos que os alunos deste curso já tenham, do curso básico de Física, noções sobre fluidos (vide Bibliografia).

Antes de passarmos especificamente ao estudo dos fluidos **ideais** e **viscosos** iremos obter relações e introduzir conceitos que são válidos para ambos os casos.

Como os fenônemos que iremos analisar são macroscópicos, o fluido será considerado como um **meio contínuo**. Assim, um elemento de volume (δV) infinitesimal de fluido contém um número imenso de átomos (moléculas, íons, ...). Esse δV, que denominaremos de "partícula" ou "ponto" do fluido, é muito pequeno comparado com as dimensões do fluido como um todo, mas muito grande se comparado com as distâncias interatômicas.

Dizemos que o **estado** de um fluido em movimento está definido quando conhecemos as velocidades das partículas do fluido e os valores de duas grandezas termodinâmicas quaisquer (pressão e densidade, por exemplo) em todos os pontos $(\vec{r},t)$ do sistema. Supomos conhecida a equação de estado (termodinâmica) do fluido.

Poderíamos, como faz Lagrange, obter o estado do fluido determinando as trajetórias das partículas e verificando como as suas propriedades físicas variam ao longo das mesmas. Existe, entretanto, um procedimento que reputamos mais conveniente, criado por Euler, que consiste em abandonar a idéia de tentar descrever os processos como Lagrange. Euler introduziu os campos de velocidades $\vec{v}(\vec{r},t)$, de pressões $p(\vec{r},t)$, de entropia $s(\vec{r},t)$, etc. De acordo com ele, estaríamos focalizando nossa atenção para o que está acontecendo em um particular ponto $\vec{r}$, no espaço, num determinado instante de tempo t, ao invés de observar o que está ocorrendo com uma certa partícula do fluido.

Entretanto, para construirmos os campos $\vec{v}(\vec{r},t)$, $p(\vec{r},t)$, etc. precisamos utilizar, como veremos, a descrição de Lagrange durante intervalos de tempos infinitesimais dt. Ou seja, utilizamos os deslocamentos infinitesimais $d\vec{r}$ dos elementos de volume em dt. Estamos supondo que os elementos de volume se movimentam mantendo a sua massa δm constante, conforme representado na Fig. P.1.

P.1. VARIAÇÃO TOTAL DE UMA GRANDEZA FÍSICA $f(\vec{r},t)$ EM dt

Seja $f(\vec{r},t)$ uma grandeza física qualquer (pressão, entropia, velocidade, etc.) num ponto $\vec{r}$ e num instante t. Sendo (vide Fig. P.2) $f(\vec{r}+d\vec{r},t+dt)$ o valor da mesma grandeza f em $\vec{r}+d\vec{r}$ e $t+dt$, a variação total df é dada por:

$$df = f(\vec{r}+d\vec{r},t+dt) - f(\vec{r},t) = \frac{\partial f}{\partial x}dx + \frac{\partial f}{\partial y}dy + \frac{\partial f}{\partial z}dz + \frac{\partial f}{\partial t}dt,$$

ou seja,

$$\frac{df}{dt} = (\vec{v}\cdot\nabla)f + \frac{\partial f}{\partial t} \qquad \text{(P.1.1)}$$

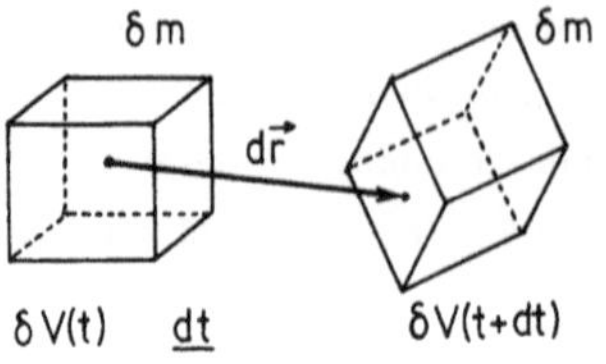

Fig. P.1

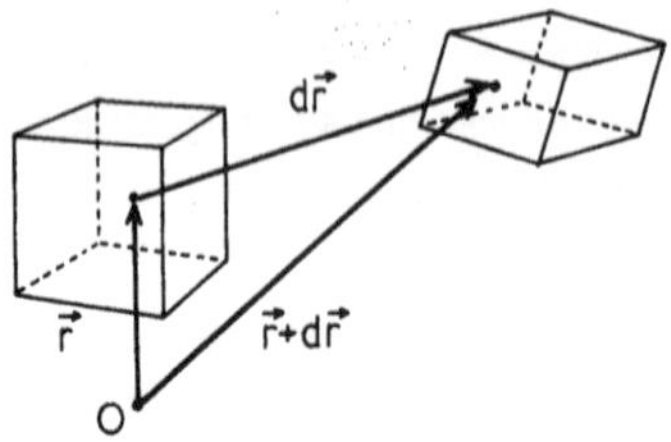

Fig. P.2

P.2. FLUIDO INCOMPRESSÍVEL

Mostraremos, primeiro de maneira simples e depois de modo mais rigoroso, que se um fluido for incompressível (densidade constante) a condição $\nabla\cdot\vec{v}=0$ deve ser obedecida.

Consideremos um elemento de volume que no instante t seja dado por $\delta V(t)=\delta x\delta y\delta z$ e que após dt seja dado por $\delta V(t+dt)$ conforme fig. P.3.

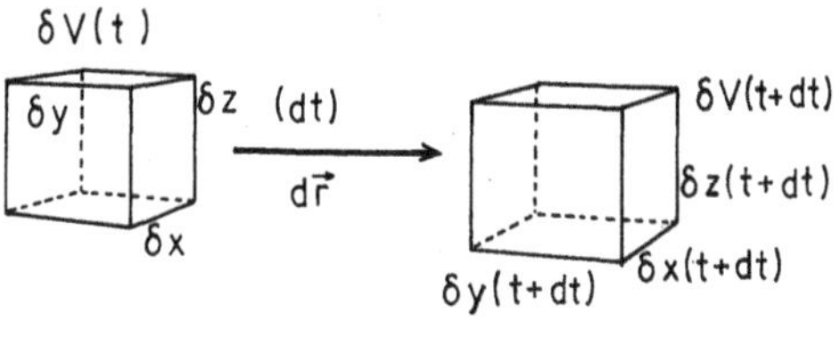

Fig. P.3

Acompanhando a evolução da aresta do cubo ao longo do eixo x, temos, segundo Fig. P.4:

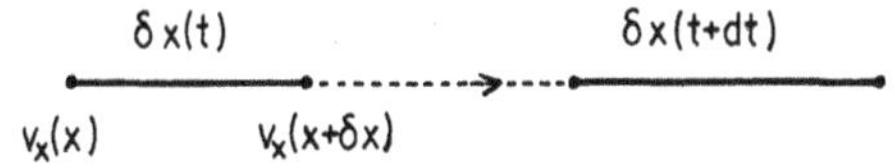

Fig. P.4

$$\delta x(t+dt) \cong \delta x(t) + v_x(x+\delta x)\,dt - v_x(x)\,dt,$$

$$\therefore \quad d(\delta x) = \delta x(t+dt) - \delta x(t) \cong \frac{\partial}{\partial x}(v_x)\,\delta x\;dt.$$

De modo análogo, teríamos:

$$d(\delta y) \cong \frac{\partial}{\partial y}(v_y)\,\delta_y \delta t$$

e

$$d(\delta z) \cong \frac{\partial}{\partial z}(v_z)\,\delta z\;dt;$$

$$\therefore \quad \frac{d}{dt}(\delta V) = \frac{d}{dt}(\delta x \delta y \delta z) = (\nabla \cdot \mathfrak{v})\,\delta V.$$

Sendo $\rho = \delta m / \delta V$, para que $\rho =$ constante, a condição

$$\nabla \cdot \mathfrak{v} = 0 \qquad \text{(P.2.1)}$$

deve ser satisfeita.

P.3. EQUAÇÃO DE CONSERVAÇÃO

Seja μ a densidade de uma grandeza física qualquer (carga, massa, energia, momento, etc.) em um fluido. Consideremos (vide Fig. P.5) uma superfície fixa

(S_0) no interior de um fluido, que envolve um volume (V_0) do mesmo. Num instante t temos uma quantidade

$$\int_{V_0} \mu \, dV$$

da grandeza f no volume V_0. Seja $\mu \vec{v} \cdot d\vec{A}$ o fluxo de f através de um elemento de área $d\vec{A}$ da superfície S_0.

Se, no interior de V_0, f é criada ou destruída numa razão $Q = f/\text{cm}^3 \cdot \text{s}$, devemos ter, admitindo que haja conservação de f:

$$\frac{\partial}{\partial t} \int_{V_0} \mu \, dV = - \oint_{S_0} \mu \vec{v} \cdot d\vec{A} + \int_{V_0} Q \, dV.$$

Usando o teorema do divergente, obtemos:

$$\int_{V_0} \left[\frac{\partial \mu}{\partial t} + \nabla \cdot (\mu \vec{v}) - Q \right] dV = 0.$$

Sendo (V_0) arbitrário, deduzimos o que se chama de **equação de conservação**:

$$\frac{\partial \mu}{\partial t} + \nabla \cdot (\mu \vec{v}) = Q \quad . \tag{P.3.1}$$

No caso particular em que a grandeza f representa massa ($\mu = \rho$) admitindo ainda que ela não seja criada ou destruída ($Q = 0$) a Eq. (P.3.1) se torna:

$$\frac{\partial \rho}{\partial t} + \nabla \cdot (\rho \vec{v}) = 0 \tag{P.3.2}$$

conhecida como **equação de continuidade**.

Quando ρ = constante (fluido incompressível), a Eq. (P.3.2)

$$\frac{\partial \rho}{\partial t} + \rho(\nabla \cdot \vec{v}) + \vec{v}(\nabla \rho) = 0$$

permite concluir, lembrando que $\partial \rho / \partial t = \nabla \rho = 0$, que $\nabla \cdot \vec{v} = 0$.

Fica assim demonstrado, de modo mais rigoroso, que, quando ρ = constante, a condição $\nabla \cdot \vec{v} = 0$ deve ser obedecida.

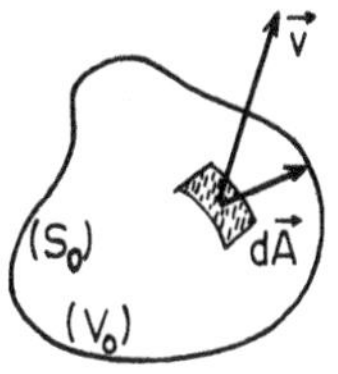

Fig. P.5

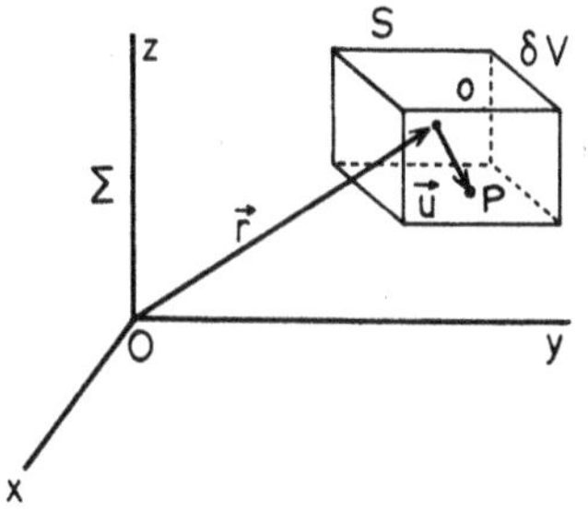

Fig. P.6

P.4. DESLOCAMENTOS ELEMENTARES

O movimento de um elemento de volume é descrito de modo completo através de três **deslocamentos elementares**: translação, rotação e deformação. Veremos aqui como essas grandezas são expressas em função do campo de velocidades $\vec{v}(\vec{r},t)$. A fim de obtermos o que pretendemos, consideremos um referencial Σ fixo no laboratório e um referencial S com origem num ponto o no interior de δV. Seja P um ponto em δV, conforme a Fig. P.6:

$$\vec{oP} = \vec{u} = \vec{r}_o(P)$$

$$\vec{r}_\Sigma(P) = \vec{r}_\Sigma(o) + \vec{r}_o(P)$$

ou

$$\vec{R} = \vec{r} + \vec{u}.$$

Assim, $d\vec{R}=d\vec{r}+d\vec{u}$, donde

$$\begin{aligned} d\vec{u} = d\vec{R} - d\vec{r} &= [\vec{v}(\vec{R},t)-\vec{v}(\vec{r},t)]\,dt \\ &= [\vec{v}(\vec{r}+\vec{u})-\vec{v}(\vec{r})]\,dt \\ &= (\vec{u}\cdot\nabla_{\vec{r}})\vec{v}(\vec{r})\,dt. \end{aligned}$$

Usando a identidade

$$\nabla(\vec{a}\cdot\vec{b}) = (\vec{a}\cdot\nabla)\vec{b} + (\vec{b}\cdot\nabla)\vec{a} + \vec{a}\times(\nabla\times\vec{b}) + \vec{b}\times(\nabla\times\vec{a}),$$

obtemos $d\vec{u}$:

$$(\vec{u}\cdot\nabla_{\vec{r}})\vec{v}(\vec{r}) = \nabla_{\vec{r}}[\vec{u}\cdot\vec{v}(\vec{r})] - (\vec{v}\cdot\nabla_{\vec{r}})\vec{u} - \vec{u}\times(\nabla_{\vec{r}}\times\vec{v}(\vec{r})) - \vec{v}(\vec{r})\times(\nabla_{\vec{r}}\times\vec{u}).$$

Como $\vec{u} \neq \vec{u}(\vec{r})$, teremos,

$$(\vec{u}\cdot\nabla_{\vec{r}})\vec{v}(\vec{r}) = \nabla_{\vec{r}}[\vec{u}\cdot\vec{v}(\vec{r})] + \vec{u}\times[\nabla_{\vec{r}}\times\vec{v}(\vec{r})] =$$

$$= \frac{1}{2}\nabla_{\vec{r}}[\vec{u}\cdot\vec{v}(\vec{r})] + \frac{1}{2}\left[\nabla_{\vec{r}}\times\vec{v}(\vec{r})\right]\times\vec{u} + \frac{1}{2}(\vec{u}\cdot\nabla_{\vec{r}})\vec{v}(\vec{r}).$$

Podemos escrever, portanto, $d\vec{R}$ na forma:

$$d\vec{R} = d\vec{r} + d\vec{u} = d\vec{r} + (\vec{\omega}\times\vec{u})dt + \vec{S}\,dt,$$

onde

$$\vec{\omega}(\vec{r}) = \frac{1}{2}(\nabla_{\vec{r}}\times\vec{v}(\vec{r}))$$

e

$$\vec{S}(\vec{r},\vec{u}) = \frac{1}{2}\left\{\nabla_{\vec{r}}[\vec{u}\cdot\vec{v}(\vec{r})] + (\vec{u}\cdot\nabla_{\vec{r}})\vec{v}(\vec{r})\right\} = \nabla_{\vec{u}}\,F(\vec{r},\vec{u}),$$

com

$$\mathrm{F} = \frac{1}{4}\left[\frac{\partial v_i}{\partial x_j} + \frac{\partial v_j}{\partial x_i}\right]u_i u_j\,.$$

Resumindo o que vimos acima, o movimento de um δV é descrito por:

$d\vec{r} \equiv$ translação;
$(\vec{\omega}\times\vec{u})dt \equiv$ rotação (como se δV fosse rígido);
$\vec{S}\,dt \equiv$ deformação (contração ou alongação).
Vamos dar destaque à expressão:

$$\vec{\omega}(\vec{r},t) = \frac{1}{2}\nabla\times\vec{v}(\vec{r},t)\quad, \tag{P.4.1}$$

que usaremos muitas vezes em nosso curso. A letra $\vec{\omega}$ representa uma velocidade angular do elemento de volume δV; se $\vec{\omega}\neq 0$, o elemento δV, no ponto $\vec{r}$, possui momento angular intrínseco ou **spin**.

Façamos algumas figuras para visualizar os casos **irrotacionais** ($\vec{\omega} = 0$) e os caso **rotacionais** ($\vec{\omega}\neq 0$).

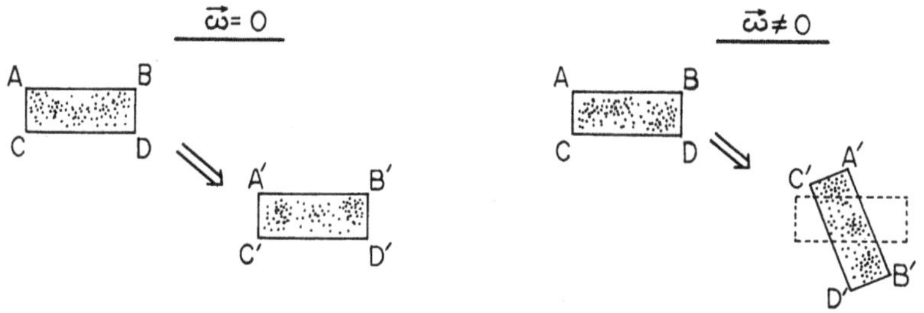

Figs. P.7 e P.8

Na Fig. P.7 , A'B'C'D' pode ser obtida de A B C D apenas com uma translação. Já na Fig. P.8 , A'B'C'D' só pode ser obtida de A B C D através de uma translação e de uma rotação.

Nos casos acima admitimos não haver deformação dos elementos de volume. Quando um fluido viscoso escoa sobre uma placa em repouso (Fig. P.9) ocorre translação, rotação e deformação (cisalhamento):

O elemento de volume *a* se transforma em *b* através de translação, cisalhamento e rotação (Fig. P.10).

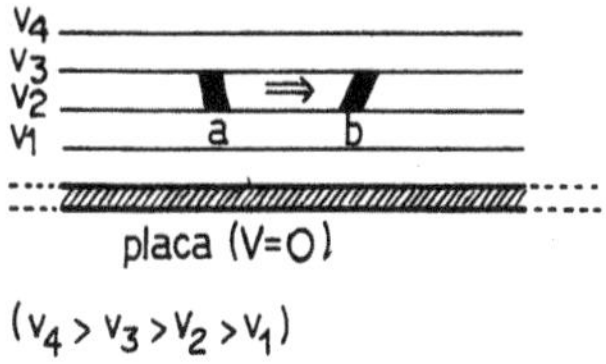

Fig. P.9

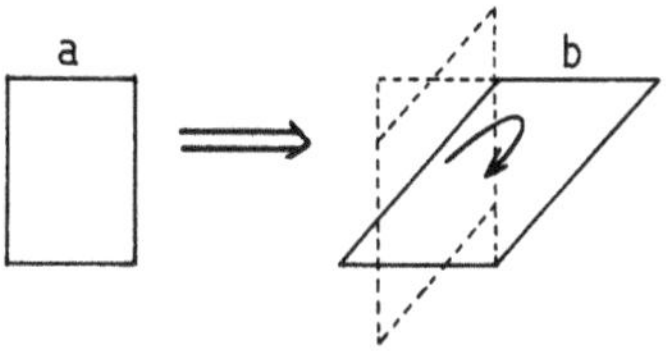

Fig. P.10

P.5. FLUXO LAMINAR E FLUXO TURBULENTO

Quando as partículas do fluido se movem em lâminas ou camadas, com uma camada deslizando suavemente sobre a camada adjacente, o escoamento é dito **laminar**. Quando não temos lâminas deslizando sobre lâminas, quando as trajetórias são irregulares, o fluxo é chamado de **turbulento**.

P.6. LINHA DE FLUXO OU DE CORRENTE

É a curva que, num dado instante t, tem como tangente, em cada ponto, o vetor velocidade $\vec{v}$ das partículas (vide Fig. P.11).

Como $\vec{v} = d\vec{r}/dt$, temos:

$$dx = v_x dt, \quad dy = v_y dt$$

e

$$dz = v_z dt.$$

Portanto,

$$\frac{dx}{v_x(\vec{r},t)} = \frac{dy}{v_y(\vec{r},t)} = \frac{dz}{v_z(\vec{r},t)} \tag{P.6.1}$$

são as equações diferenciais da linha de fluxo.

Vejamos, num caso simples de fluxo bidimensional (x,y), como obter as linhas de corrente a partir das equações diferenciais, Eqs. (P.6.1). Assim, dado o campo de velocidades

$$v_x(x,y) = -\frac{v_0\, y}{\sqrt{x^2+y^2}}$$

e

$$v_y(x,y) = \frac{v_0\, x}{\sqrt{x^2+y^2}},$$

temos, usando (P.6.1):

$$\frac{dx}{y} = -\frac{dy}{x},$$

que, integrando, dá $x^2+y^2=C$. As linhas de corrente são circunferências concêntricas à origem, de acordo com a Fig. P.12.

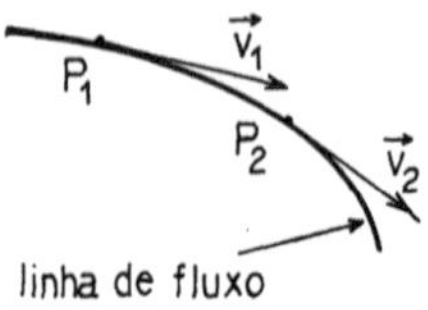

Fig. P.11

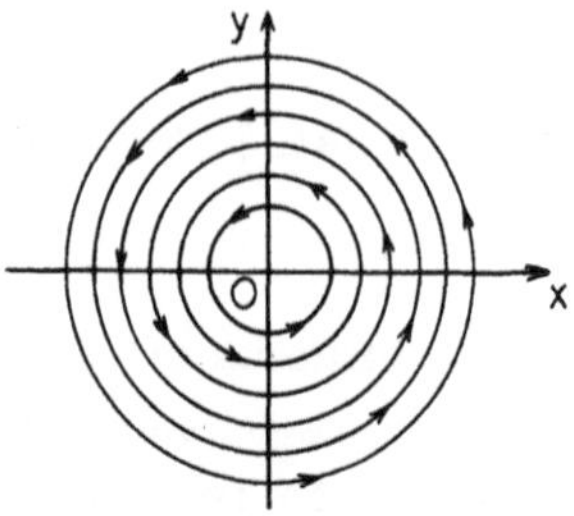

Fig. P.12

P.7. FLUXOS COM SIMETRIA PLANA

Quando há simetria plana (x,y), temos $\vec{v}(x,y,t)=v_x(x,y,t)\,\vec{i}+v_y(x,y,t)\,\vec{j}$ e $v_z=0$.

A. FLUIDO INCOMPRESSÍVEL

Quando o fluido for incompressível teremos

$$\nabla\cdot v=\frac{\partial v_x}{\partial x}+\frac{\partial v_y}{\partial y}=0,$$

que estaria satisfeita impondo a existência de uma função, contínua com derivadas primeiras contínuas, $\psi(x,y)$ tal que

$$v_x(x,y)\equiv\frac{\partial\psi(x,y)}{\partial y}$$

e

$$-v_y(x,y)\equiv\frac{\partial\psi(x,y)}{\partial x}\qquad\text{(P.7.1)}$$

Como

$$\frac{\partial^2\psi}{\partial x\partial y}=\frac{\partial^2\psi}{\partial y\partial x}\qquad\text{(igualdade de Schwartz)},\ \nabla\cdot\vec{v}=0.$$

Por outro lado, uma linha de corrente obedece à condição $v_y(x,y)\,dx-v_x(x,y)\,dy=0$, de acordo com Eqs. (P.6.1). Substituindo a Eq. (P.7.1) na igualdade acima teríamos:

$$d\psi=\frac{\partial\psi}{\partial x}\,dx+\frac{\partial\psi}{\partial y}\,dy=0.$$

Logo, $d\psi(x,y)=0$ ao longo de uma linha de fluxo; ou seja, ao longo dela devemos ter $\psi(x,y)$ = constante. A função $\psi(x,y)$ é denominada **função de fluxo**, e a família de curvas $\psi(x,y)=$c define as linhas de corrente.

É imediato vermos que as seguintes propriedades são válidas:

$$\left.\begin{aligned}&(1)\quad \vec{v}=v_x\vec{i}+v_y\vec{j}=\frac{\partial\psi}{\partial y}\,\vec{i}-\frac{\partial\psi}{\partial x}\,\vec{j}=-\vec{k}\times(\nabla\psi)\\&(2)\quad \vec{\omega}=\frac{1}{2}\nabla\times\vec{v}=-(\nabla^2\psi)\,\frac{\vec{k}}{2}\end{aligned}\right\}\qquad\text{(P.7.2)}$$

Exemplo

Dado um campo de velocidades $\vec{v}(x,y) = V_x \vec{i} + V_y \vec{j}$, com V_x e V_y constantes, determinemos as linhas de corrente do fluxo. Ora, como

$$d\psi = \frac{\partial \psi}{\partial x}\, dx + \frac{\partial \psi}{\partial y}\, dy = -\, v_y\, dx + v_x\, dy = -\, V_y\, dx + V_x\, dy\ ,$$

temos $\psi(x,y) = -\, V_y\, x + V_x\, y$, donde tiramos

$$y = \frac{\psi}{V_x} + \text{tg}\ \theta\ x\ ,$$

onde $\text{tg}\ \theta = V_y / V_x$. Colocando $\psi = c_1, c_2, \ldots$, teremos as linhas de corrente $y = y(x)$. Na Fig. P.13 desenhamos os casos particulares de $\psi = V_x, 0, -V_x$ e $-2V_x$.

A.1. Fluxo ao Longo de Uma Curva $\gamma(x,y)$

Consideremos uma curva $\gamma = \gamma(x,y)$ no plano (x,y), conforme Fig. P.14. Seja $d\vec{s}$ um elemento de arco de γ e $\vec{n}$ o versor normal a $d\vec{s}$. Se $n_x = \cos\theta$ e $n_y = \text{sen}\ \theta$, vemos que $ds\ n_x = dy$ e $ds\ n_y = -dx$.

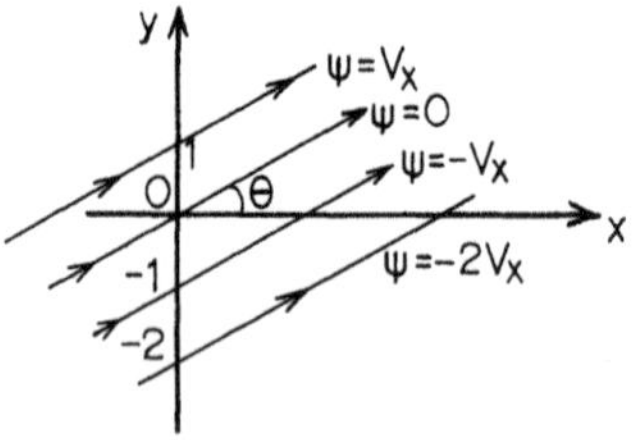

Fig. P.13

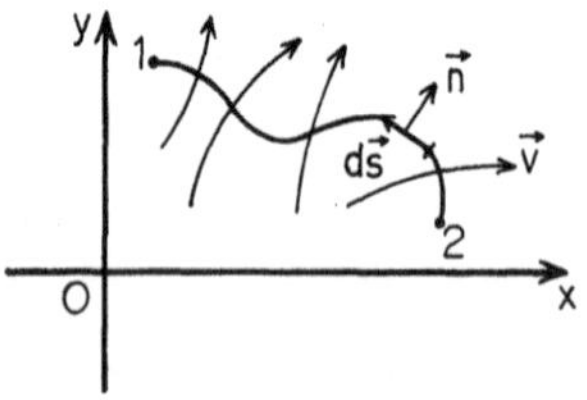

Fig. P.14

Assim, o fluxo de massa (massa/s) ao longo de uma fita que se apóia em γ e com altura Δz é dado por

$$\Phi = (\text{massa/s}) = \rho \Delta z \int_\gamma \vec{v} \cdot \vec{n}\, ds = \rho \Delta z \int_\gamma (v_x n_x + v_y n_y)\, ds = \rho \Delta z \int_\gamma (v_x dy - v_y dx)$$

$$= \rho \Delta z \int_\gamma d\psi = \rho \Delta z [\psi(x_2, y_2) - \psi(x_1, y_1)]. \qquad \text{(P.7.3)}$$

Assim, o fluxo ao longo de γ, conforme as Eqs. (P.7.3) só depende dos pontos inicial (1) e final (2); não depende da forma de γ. Costuma-se definir $d\psi = \vec{v}\cdot\vec{n}ds$ como "elemento de fluxo".

B. FLUIDO INCOMPRESSÍVEL E IRROTACIONAL

Vimos, na Sec. P.7. parte A, que, se um fluido é incompressível, podemos definir uma função de fluxo $\psi(x,y)$, de tal modo que $v_x = \partial\psi/\partial y$ e $v_y = -\partial\psi/\partial x$.

Por outro lado, se o fluxo for irrotacional,

$$\vec{\omega} = \frac{1}{2}\nabla \times v = 0.$$

Neste caso, deve existir uma função $\varphi(\vec{r},t)$ denominada **função potencial** tal que $\vec{v} = \nabla\varphi$, que satisfará automaticamente a condição $\nabla \times \vec{v} = \nabla \times (\nabla\varphi) = 0$.

Assim, de

$$\vec{v} = \nabla\varphi = \frac{\partial\varphi}{\partial x}\vec{i} + \frac{\partial\varphi}{\partial y}\vec{j}$$

e da Eq. (P.7.1) podemos deduzir as seguintes relações entre φ e ψ,

$$\frac{\partial\varphi}{\partial x} = \frac{\partial\psi}{\partial y} \quad \text{e} \quad \frac{\partial\varphi}{\partial y} = -\frac{\partial\psi}{\partial x}. \tag{P.7.4}$$

Definindo uma função complexa $\Omega(z) = \varphi + i\psi$ verificamos que as Eqs. (P.7.4) nada mais são do que condições de analiticidade de Cauchy–Riemann da função $\Omega(z)$ (**potencial complexo**). Vejamos algumas propriedades do potencial complexo $\Omega(z)$.

B.1. Ortogonalidade de $\nabla\varphi$ e $\nabla\psi$

Ora, como

$$\nabla\varphi = \frac{\partial\varphi}{\partial x}\vec{i} + \frac{\partial\varphi}{\partial y}\vec{j} = v_x\vec{i} + v_y\vec{j}$$

e

$$\nabla\psi = \frac{\partial\psi}{\partial x}\vec{i} + \frac{\partial\psi}{\partial y}\vec{j} = -v_y\vec{i} + v_x\vec{j},$$

é óbvio que $\nabla\varphi\cdot\nabla\psi = 0$.

As linhas de corrente são construídas com a condição $\psi(x,y)$=constante=C, e as equipotenciais com $\varphi(x,y)$=constante=K. Por convenção, as linhas $\psi = \mathrm{C}$ são contínuas e as $\varphi = \mathrm{K}$ são tracejadas. Como $\nabla\varphi\cdot\nabla\psi = 0$, a família de curvas equipotenciais é ortogonal à família de curvas de fluxo (vide Fig. P.15).

Exemplo

Determinar as equipotenciais do fluxo dado por $\vec{v}(x,y) = V_x\,\vec{i} + V_y\,\vec{j}$, com V_x e V_y constantes, o que foi analisado na Sec. A. Lá vimos que as linhas de fluxo $y = y(x) = \psi/V_x + \mathrm{tg}\,\theta\,x$. Agora vamos determinar as linhas φ = constante. Ora,

$$d\varphi = \frac{\partial\varphi}{\partial x}\,dx + \frac{\partial\varphi}{\partial y}\,dy = v_x\,dx + v_y\,dy = V_x\,dx + V_y\,dy,$$

que, integrada, dá $\varphi(x,y) = V_x\,x + V_y\,y$, donde tiramos $y = \varphi/V_y - \cot\theta\,x$.

Na Fig. P.16 vemos as equipotenciais para os casos $\varphi = -V_y$, 0 e V_y. A função $\Omega(z)$ nesse caso é dada por:

$$\Omega(z) = \varphi + i\psi = V_x\,x + V_y\,y + i(V_x\,y - V_y\,x) = (V_x - iV_y\,y)z.$$

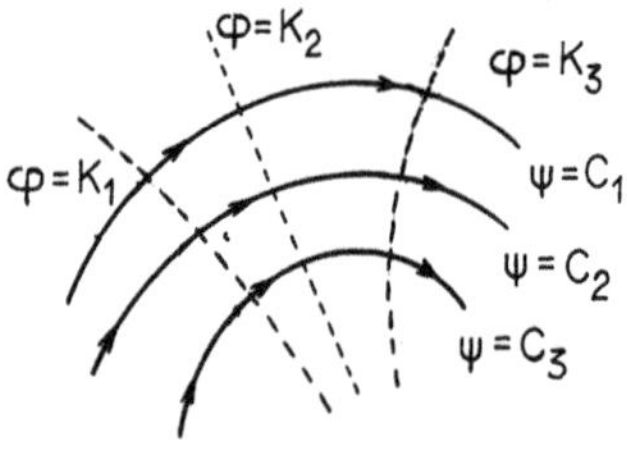

Fig. P.15

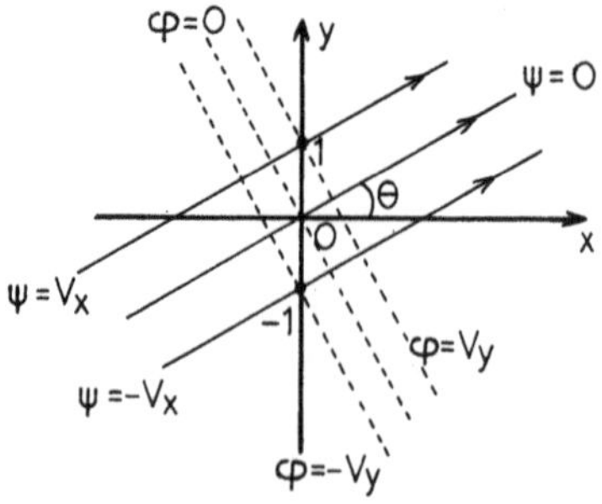

Fig. P.16

B.2. Propriedades Analíticas de $\Omega(z)$

Como $\Omega(z) = \varphi + i\psi$, a razão dos incrementos $\Delta\Omega/\Delta z$ é definida como

$$\frac{\Delta\Omega}{\Delta z} = \frac{\Omega(z+\Delta z) - \Omega(z)}{\Omega z} = \frac{\Delta\varphi + i\Delta\psi}{\Delta x + i\Delta y},$$

e a derivada

$$\frac{d\Omega}{dz} = \Omega'(z) = \lim_{\Delta x \to 0}\left[\frac{\Delta\Omega}{\Delta x}\right]_{\Delta y = 0} = \lim_{\Delta y \to 0}\left[\frac{\Delta\Omega}{\Delta y}\right]_{\Delta x = 0}$$

Resulta daí

$$\Omega'(z) = \frac{\partial \varphi}{\partial x} + i\,\frac{\partial \psi}{\partial x} = \frac{\partial \Omega}{\partial x}$$

e

$$\Omega'(z) = -\,i\,\frac{\partial \varphi}{\partial y} + \frac{\partial \psi}{\partial y} = -\,i\,\frac{\partial \Omega}{\partial y}\,.$$

Isto é,

$$\frac{\partial \Omega}{\partial x} = -\,i\,\frac{\partial \Omega}{\partial y}\,,$$

que equivale a

$$\frac{\partial \varphi}{\partial x} = \frac{\partial \psi}{\partial y} \quad \text{e} \quad \frac{\partial \psi}{\partial x} = -\,\frac{\partial \varphi}{\partial y}$$

(condições de analiticidade de Cauchy–Riemann).

As derivadas de segunda ordem dão:

$$\frac{\partial^2 \Omega}{\partial x^2} = -\,\frac{\partial^2 \Omega}{\partial x \partial y} \quad \text{e} \quad \frac{\partial^2 \Omega}{\partial y^2} = -\,i\,\frac{\partial^2 \Omega}{\partial y \partial x}$$

que, segundo Schwartz, garantem a igualdade

$$\frac{\partial^2 \Omega}{\partial x^2} + \frac{\partial^2 \Omega}{\partial y^2} = \nabla^2 \varphi + i\,\nabla^2 \psi = 0,$$

ou seja,

$$\nabla^2 \varphi(\vec{r},t) = 0 \quad \text{e} \quad \nabla^2 \psi(\vec{r},t) = 0 \quad . \qquad \text{(P.7.5)}$$

Como

$$\Omega'(z) = \frac{\partial \Omega}{\partial x} = \frac{\partial \varphi}{\partial y} + i\,\frac{\partial \psi}{\partial x} = v_x - iv_y = (v_x + iv_y)$$

a integral ao longo de uma curva $\gamma(x,y)$ é dada por

$$\oint_\gamma \Omega'(z)\,dz = \oint_\gamma (v_x - iv_y)(dx + i dy)$$

$$= \oint_\gamma (v_x\,dx + v_y\,dy) + i \oint_\gamma (v_x\,dy - v_y\,dx)$$

$$= \oint_\gamma \vec{v}\cdot d\vec{s} + i \oint_\gamma d\psi\,,$$

onde $P_1, P_2, P_3 \cdots P_k$ são pólos de $\Omega'(z)$ dentro de γ, vistos na Fig. P.17.

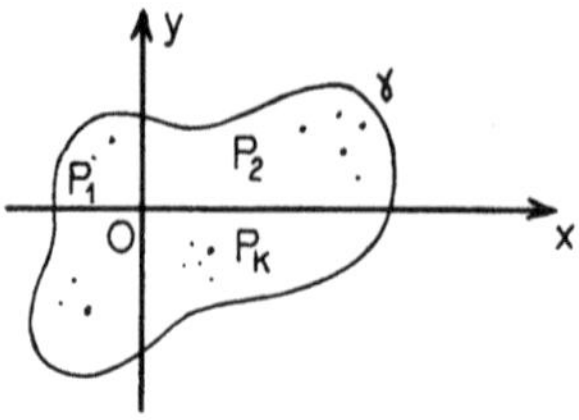

Fig. P.17

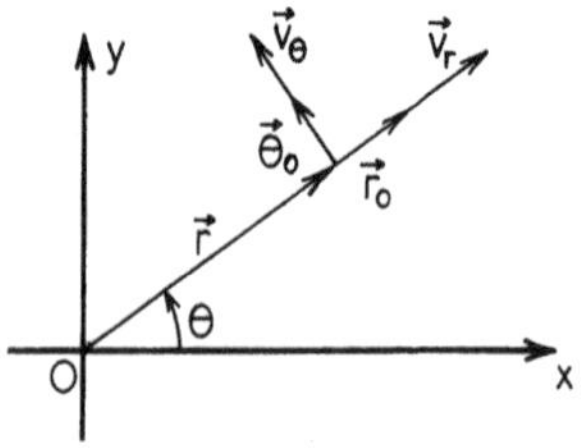

Fig. P.18

Por outro lado, sabemos que

$$\oint_\gamma \Omega'(z)dz = 2\pi i \sum_{n=1}^{k} \{A_n\},$$

onde A_n são os resíduos de $\Omega'(z)$ na região interna a curva $\gamma(x,y)$. Assim,

$$\oint_\gamma \Omega'(z)dz = 2\pi i \sum_{n=1}^{k} \{A_n\} = \oint_\gamma \vec{v}\cdot d\vec{s} + i\oint_\gamma d\psi. \qquad \text{(P.7.6)}$$

A integral $\oint_\gamma \vec{v}\cdot d\vec{s} = \Gamma$ é denominada **circulação de velocidade** ao longo de γ.

B.3. Campo de Velocidade $\vec{v}(r,\theta)$ em Coordenadas Polares Planas

O campo $\vec{v} = v_x\vec{i} + v_y\vec{j}$ em coordenadas polares (Fig. P.18) (r,θ) é dado por:

$$\vec{v}(r,\theta) = v_r(r,\theta)\vec{r}_0 + v_\theta(r,\theta)\vec{\theta}_0\,.$$

Levando em conta a transformação $(x,y) \to (r,\theta)$, podemos mostrar que

$$\left.\begin{aligned} v_\theta(r,\theta) &= -\frac{\partial\psi(r,\theta)}{\partial r} = \frac{1}{r}\frac{\partial\varphi(r,\theta)}{\partial\theta} \\ v_r(r,\theta) &= \frac{1}{r}\frac{\partial\psi(r,\theta)}{\partial\theta} = \frac{\partial\varphi(r,\theta)}{\partial r} \end{aligned}\right\} \qquad \text{(P.7.7)}$$

Exemplo 1. **Fonte (sorvedouro) na origem**

Nesse caso, o campo de velocidades $\vec{v}(r,\theta) = \vec{v}_r + \vec{v}_\theta$ é dado por:

$$\vec{v}_r = v_r(r,\theta)\vec{r}_0 \quad \text{e} \quad \vec{v}_\theta = 0.$$

Se a origem for uma fonte, $v_r > 0$; se for um sorvedouro, $v_r < 0$. Calculemos as linhas de corrente $\psi(r,\theta)$ usando as Eqs. (P.7.7):

$$-\frac{\partial\psi(r,\theta)}{\partial r} = v_\theta = 0 \quad \text{e} \quad \frac{\partial\psi}{\partial\theta} = rv_r.$$

Da primeira equação, deduz–se que $\psi = \psi(\theta)$, somente. Levando em conta isso na segunda equação obtemos,

$$\frac{d\psi}{d\theta} = rv_r = g(\theta) \quad \therefore \quad v_r(r,\theta) = \frac{g(\theta)}{r}.$$

Mas, por simetria, v_r não pode depender de θ, o que nos leva a $g(\theta) = \text{constante} = \alpha/2\pi$. Desse modo

$$\psi(r,\theta) = \psi(\theta) = \frac{\alpha}{2\pi}\,\theta.$$

Pondo $\psi(\theta) = \text{constante}$, vemos que as linhas de fluxo são raios com origem em O formando ângulos θ com o eixo x.

Pelas Eqs. (P.7.7), a função potencial $\varphi(r,\theta)$ obedece a

$$\frac{\partial\varphi}{\partial r} = v_r(r,\theta) \quad \text{e} \quad \frac{\partial\varphi}{\partial\theta} = rv_\theta = 0.$$

Mas, usando $v_r(r,\theta)$ obtida antes, temos

$$\frac{\partial\varphi}{\partial r} = v_r(r,\theta) = \frac{\alpha}{2\pi}\frac{1}{r},$$

donde

$$\varphi(r,\theta) = \varphi(r) = \left(\frac{\alpha}{2\pi}\right)\ln r\,.$$

Impondo $\varphi(r) = \text{constante}$, vemos que as equipotenciais são curvas com $r = \text{constante}$, ou seja, são circunferências concêntricas à origem, vistas tracejadas, conforme convenção adotada, na Fig. P.19.

O potencial complexo $\Omega(z)$ é dado por

$$\Omega(z) = \varphi(r,\theta) + i\psi(r,\theta) = \frac{\alpha}{2\pi}\ln r + i\,\frac{\alpha}{2\pi}\,\theta.$$

Como $z = re^{i\theta}$ decorre:

$$\Omega(z) = \left(\frac{\alpha}{2\pi}\right)\ln(z) \qquad \text{(P.7.8)} \qquad \begin{cases} \alpha > 0 \Longrightarrow \text{fonte} \\ \alpha < 0 \Longrightarrow \text{sorvedouro} \end{cases}$$

De acordo com a Eq. (P.7.3), o fluxo de massa Φ é dado

$$\Phi = \rho\Delta z \oint_\gamma d\,\psi = \rho\Delta z[\psi(2) - \psi(1)],$$

onde a curva γ é uma circunferência com centro em O;

$$\psi(2) = \frac{\alpha}{2\pi}(2\pi) \quad \text{e} \quad \psi(1) = 0.$$

Portanto $\Phi = \alpha\rho\Delta z$, o que mostra que o coeficiente $\alpha = \Phi/\rho\Delta z$ é proporcional ao fluxo de massa.

Note–se que poderíamos ter visto que $v_r \sim 1/r$ usando a condição de incompressibilidade diretamente no cálculo do fluxo através de circunferências concêntricas de raios r e r':

$$\rho\Delta z \int_0^{2\pi} v_r(r)ds = \rho\Delta z \int_0^{2\pi} v_r(r')ds'$$

com $ds = rd\theta$ e $ds' = r'd\theta$. Daí, deduz–se que $2\pi r v_r(r) = 2\pi r' v_r(r') =$ $=$ constante $= \alpha$ e, portanto, que

$$v_r(r) = \frac{\alpha}{2\pi}\frac{1}{r}.$$

Exemplo 2. **Vórtice na origem**

Assumiremos que, no vórtice, $v_r(r,\theta) = 0$, ou seja, $\vec{v}(r,\theta) = v_\theta(r,\theta)\vec{\theta}_0$. Se $v_\theta > 0$, o vórtice é ***positivo*** (anti–horário); e, se $v_\theta < 0$, ele é ***negativo*** (horário). Usando um procedimento análogo ao do Ex.1, encontra–se

$$\varphi(\theta) = \frac{\Gamma}{2\pi}\theta, \quad \psi(r) = \frac{\Gamma}{2\pi}\ln r$$

e

$$\Omega(z) = \frac{i\Gamma}{2\pi}\ln(z). \tag{P.7.9}$$

As linhas de corrente são circunferências concêntricas à origem ao passo que as equipotenciais são raios (Fig. P.20). Como

$$\vec{v}_\theta = \frac{\Gamma}{2\pi}\frac{1}{r}\vec{\theta}_0$$

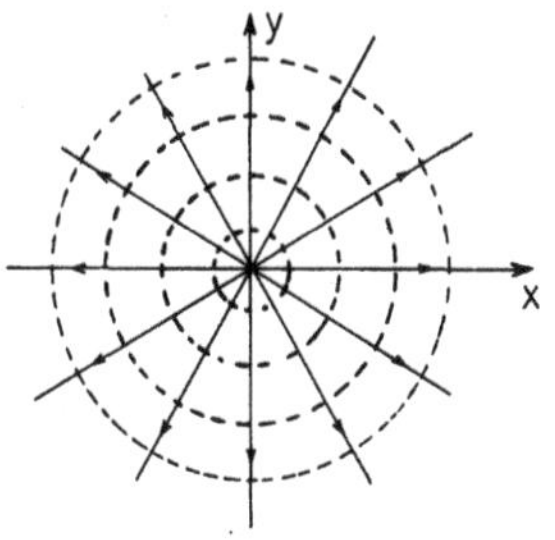

Fig. P.19

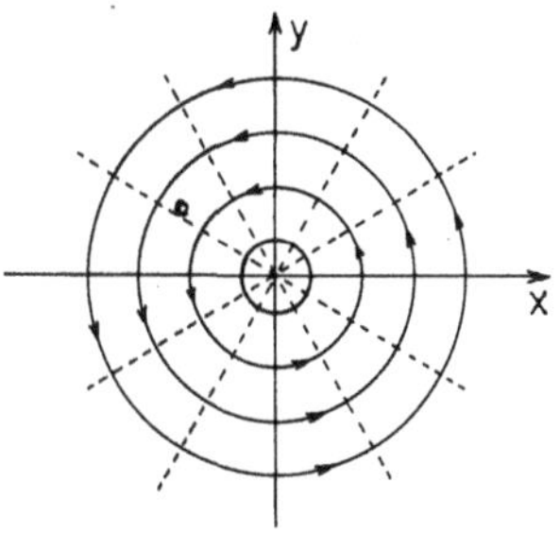

Fig. P.20

e o elemento de arco de uma circunferência de raio r é $d\vec{s} = r\, d\theta\, \vec{\theta}_0$, vemos facilmente que a constante Γ nada mais é do que a circulação da velocidade ao longo de uma circunferência com centro em O,

$$\oint \vec{v} \cdot d\vec{s} = \int_0^{2\pi} v_\theta r\, d\theta = \frac{\Gamma}{2\pi} \int_0^{2\pi} d\theta = \Gamma\ .$$

Num vórtice **positivo**, a constante $\Gamma > 0$; e, num **negativo**, $\Gamma < 0$.

Capitulo I. FLUIDOS IDEAIS

Estudaremos neste Capítulo o movimento de fluidos nos quais estão satisfeitas as seguintes condições: (a) não há dissipação de energia devido a atritos internos entre os elementos de volume do fluido ou do fluido com o ambiente; (b) não há trocas de calor entre os elementos de volume do fluido ou do fluido com o ambiente.

Ou seja, se durante o fluxo os processos de viscosidade e de termocondução forem desprezíveis, diremos que o fluxo é o de um **fluido ideal** ou **perfeito**.

I.1. EQUAÇÃO DE EULER

Vamos deduzir a equação que rege o movimento de um fluido ideal e que é denominada de **equação de Euler**. Consideremos um elemento de volume δV imerso no fluido (Fig. I.1) e seja ϕ o potencial gravitacional agindo sobre δV. A força devido a ϕ é dada por $\vec{F}_g = -\rho\, \delta V \nabla\phi$.

As forças de pressão p serão indicadas por $\vec{\mathscr{F}}$ e são perpendiculares às faces do cubo. As resultantes dessas forças ao longo de x, y e z são dadas por $\delta\mathscr{F}_x$, $\delta\mathscr{F}_y$ e $\delta\mathscr{F}_z$:

$$\begin{cases} \delta\mathscr{F}_x = \mathscr{F}_x(x) - \mathscr{F}_x(x+\delta x) = p(x)\delta y\delta z - p(x+\delta x)\delta y\delta z; \\ \delta\mathscr{F}_y = \mathscr{F}_y(y) - \mathscr{F}_y(y+\delta y) = p(y)\delta x\delta z - p(y+\delta y)\delta z\delta x; \\ \delta\mathscr{F}_z = \mathscr{F}_z(z) - \mathscr{F}_z(z+\delta z) = p(z)\delta x\delta y - p(z+\delta z)\delta x\delta y. \end{cases}$$

Expandindo em série e retendo os termos de primeira ordem, temos:

$$\begin{cases} \delta\mathcal{F}_x = -\left(\frac{\partial p}{\partial x}\right)\delta x\delta y\delta z = -\left(\frac{\partial p}{\partial x}\right)\delta V; \\ \delta\mathcal{F}_y = -\left(\frac{\partial p}{\partial y}\right)\delta x\delta y\delta z = -\left(\frac{\partial p}{\partial y}\right)\delta V; \\ \delta\mathcal{F}_z = -\left(\frac{\partial p}{\partial z}\right)\delta x\delta y\delta z = -\left(\frac{\partial p}{\partial z}\right)\delta V; \end{cases}$$

ou, sob a forma vetorial: $\delta\vec{\mathcal{F}} = -\nabla p\ \delta V$. De acordo com a segunda lei de Newton,

$$\delta m\ \vec{a} = \delta m \frac{d\vec{v}}{dt} = \vec{f}_{\text{resultante}}$$

obtemos

$$\rho\ \delta V \frac{d\vec{v}}{dt} = -\nabla p\ \delta V - \rho\ \delta V\, \nabla\phi.$$

Usando Eq. (P.1.1) ficamos com a famosa equação de Euler:

$$\frac{d\vec{v}}{dt} = \frac{\partial\vec{v}}{\partial t} + (\vec{v}\cdot\nabla)\vec{v} = -\frac{1}{\rho}\nabla p - \nabla\phi \tag{I.1.1}$$

Como, ao longo do movimento, supõe–se que δV não troca calor, a entropia do elemento permanece constante (δS = constante). Definindo $s = \delta S/\delta m =$ = [entropia/grama], temos

$$\frac{ds}{dt} = 0 = \frac{\partial s}{\partial t} + \vec{v}\cdot\nabla S,$$

conforme a Eq. (P.1.1). A equação acima exprime a adiabaticidade do δV ao longo de seu percurso. Além disso, como a entropia total do sistema também permanece invariante, podemos escrever uma equação de conservação da entropia

$$\frac{\partial}{\partial t}(\rho s) + \nabla\cdot(\rho s\vec{v}) = 0$$

de acordo com a Eq. (P.3.1).

Como dissemos no início do curso, o estado de um fluido em movimento é especificado por cinco grandezas: $\vec{v}(\vec{r},t)$ e mais duas de origem termodinâmica [$p(\vec{r},t)$ e $\rho(\vec{r},t)$, por exemplo]. Consequentemente, o sistema completo de equações hidrodinâmicas deve ser composto por cinco equações, a saber:

$$\begin{cases} \frac{d\vec{v}}{dt} = \frac{\partial\vec{v}}{\partial t} + (\vec{v}\cdot\nabla)\vec{v} = -\frac{1}{\rho}\nabla p - \nabla\phi & \text{(Euler);} \\ \frac{\partial\rho}{\partial t} + \nabla\cdot(\rho\vec{v}) = 0 & \text{(continuidade);} \\ \frac{ds}{dt} = \frac{\partial s}{\partial t} + \vec{v}\cdot\nabla s = 0 & \text{(adiabaticidade).} \end{cases}$$

Para resolver essas equações precisamos conhecer as **condições iniciais** do problema e as **condições de contorno**. Examinemos as últimas quando temos fluido em contacto com sólido e em contacto com fluido.

a) Fluido & sólido

Como o fluido não penetra no sólido, com velocidade $\vec{V}$, e não há cavitação, ele deve acompanhar o sólido (vide Fig. I.2). Isso implica, matematicamente, na igualdade

$$[\,\vec{v}(\vec{r},t) - \vec{V}\,]_S \cdot \vec{n} = 0,$$

onde $\vec{n}$ é um versor normal à superfície S do sólido. Quando $\vec{V}=0$, temos simplesmente, $\vec{v}(\vec{r}_s,t)\cdot\vec{n} = v_n(\vec{r}_s,t) = 0$, onde $\vec{r}_s$ é um ponto qualquer em S. Ou seja, a velocidade normal de uma partícula sobre o sólido deve se anular.

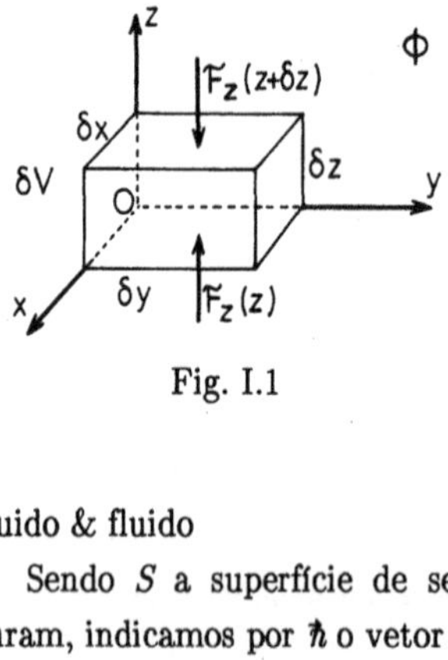

Fig. I.1

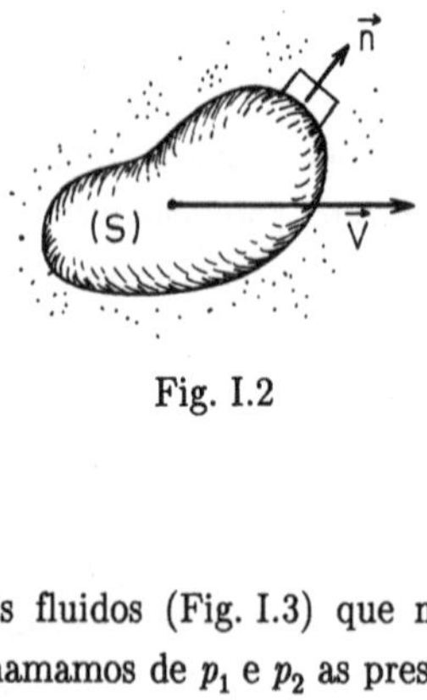

Fig. I.2

b) Fluido & fluido

Sendo S a superfície de separação de dois fluidos (Fig. I.3) que não se misturam, indicamos por $\vec{n}$ o vetor normal a S. Chamamos de p_1 e p_2 as pressões e de $\vec{v}_1$ e $\vec{v}_2$ as velocidades de dois volumes adjacentes δV_1 e δV_2, respectivamente. Feito isso, as seguintes relações devem ser satisfeitas:

$$\begin{cases} p_1 = p_2; \\ (\vec{v}_1 - \vec{v}_1)\cdot\vec{n} = 0 = v_{1n} - v_{2n}. \end{cases}$$

Um caso muito simples que pode ocorrer é quando a entropia do fluido em qualquer ponto $\vec{r}$ e em qualquer instante t é a mesma, isto é, $S(\vec{r},t)$ = constante. Nesse caso, o movimento é chamado de **isentrópico**. Analisemos tal situação.

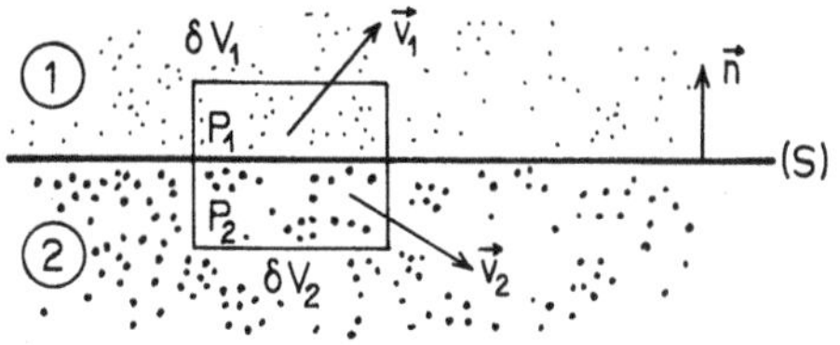

Fig. I.3

Ora, se a entropia é constante, a variação de entalpia/grama = h é dada por $dh = T\,ds + dp/\rho = dp/\rho$. Essa igualdade permite–nos escrever

$$\nabla h = \frac{1}{\rho}\,\nabla p,$$

que implica, na equação de Euler (I.1.1):

$$\frac{\partial \vec{v}}{\partial t} + (\vec{v}\cdot\nabla)\vec{v} = -\,\nabla h - \nabla\phi.$$

Porém, usando a igualdade vetorial

$$\frac{1}{2}\,\nabla(\vec{v}^2) = \vec{v}\times(\nabla\times\vec{v}) + (\vec{v}.\nabla)\vec{v},$$

temos

$$\frac{\partial \vec{v}}{\partial t} + \frac{1}{2}\,\nabla(\vec{v}^2) - \vec{v}\times(\nabla\times\vec{v}) = -\,\nabla(h+\phi).$$

Aplicando o rotacional $\Delta\,\times$ em ambos os lados da equação acima e lembrando que o rot × grad = 0 e que $\vec{\omega} = \frac{1}{2}\,(\nabla\times\vec{v})$, obtemos:

$$\frac{\partial \vec{\omega}}{\partial t} - \nabla\times(\vec{v}\times\vec{\omega}) = 0. \qquad \text{(I.1.2)}$$

A Eq. (I.1.2) é a equação de Euler para o **caso isentrópico** [$s(\vec{r},t)$ = constante]. Nesse caso, a determinação do campo $\vec{v}(\vec{r},t)$ não depende de grandezas termodinâmicas. Basta resolver (I.1.2) com condições iniciais e de contorno adequadas.

Para finalizar, a equação de Euler (I.1.1) pode ser generalizada para o caso de plasmas, neutrons, etc. introduzindo–se do lado direito da equação os potenciais adequados, além do gravitacional ϕ, se for o caso.

I.2. FLUIDOS ESTÁTICOS

No caso estático $\dot{\vec{v}} = \partial\vec{v}/\partial t = 0$ a Eq. (I.1.1) se torna muito simples:

$$\nabla p = -\rho\,\nabla\phi\,. \tag{I.2.1}$$

Vamos estudar vários casos estáticos.

A. CAMPO GRAVITACIONAL UNIFORME

Supondo que $\phi = \phi(z)$ somente e que

$$\frac{\partial\phi}{\partial z} = g = \text{constante} \Longrightarrow \nabla\phi = \frac{\partial\phi}{\partial z}\,\vec{k} = g\vec{k}.$$

Assim,

$$\frac{dp}{dz} = -\rho g\,. \tag{A.1}$$

A.1. Fluido Incompressível (ρ = constante)

Se ρ = constante a Eq. (A.1) é integrada facilmente, resultando

$$p(z) = p_0 - \rho g(z - z_0),$$

onde p_0 é a pressão no ponto $z = z_0$, $p(z_0) = p_0$. A solução da Eq. (A.1) só depende da profundidade z; não depende da forma do sistema que contém o fluido. Em outras palavras, a solução de (A.1) não depende das condições de contorno.

Como exemplos típicos de aplicação da lei $p(z) = p_0 - \rho g(z - z_0)$, podemos citar os **manômetros** (Fig. I.4) (medidores de pressão de gases) e os **barômetros** (Fig. I.5) (medidores de pressão atmosférica).

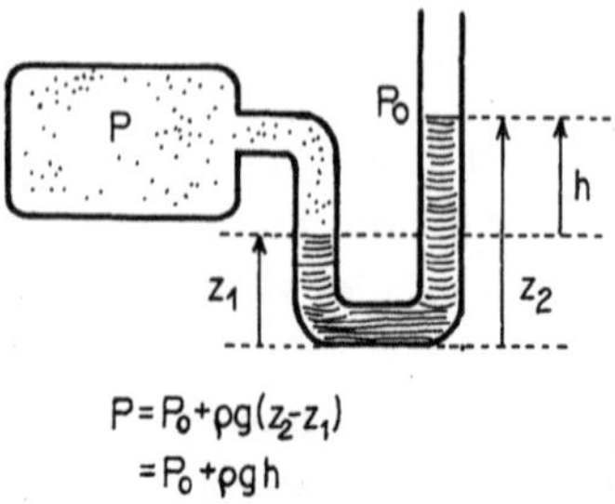

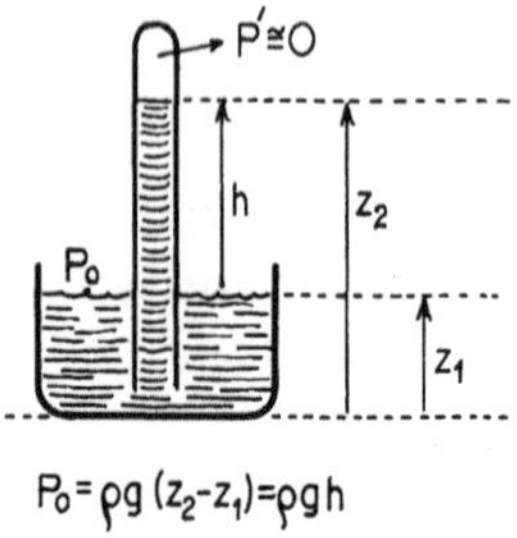

Figs. I.4 e I.5

Podemos explicar a **lei de Pascal** ("A pressão aplicada num fluido em equilíbrio se transmite sem redução a todas as partes do fluido e às paredes do vaso que o contém") e, consequentemente, o princípio de funcionamento da prensa hidráulica (Fig. I.6).

Podemos resolver o **paradoxo hidrostático**: "a altura h do fluido em equilíbrio independe da forma dos vasos comunicantes" (Fig. I.7).

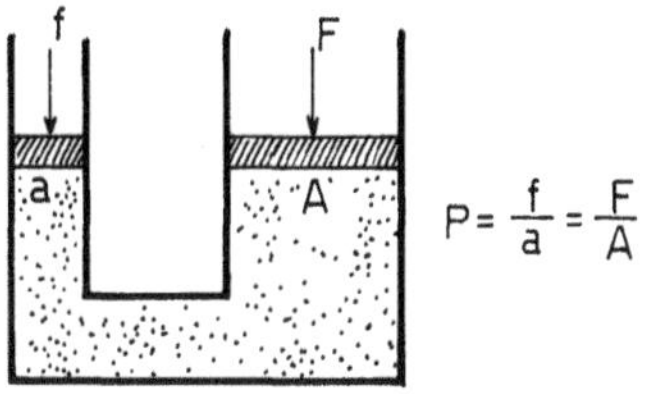

Fig. I.6

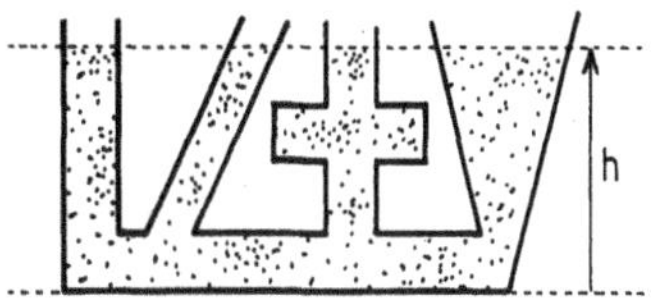

Fig. I.7

O **princípio de Arquimedes** ("Um corpo mergulhado num fluido em equilíbrio recebe um empuxo igual e contrário ao peso da porção de fluido deslocada e aplicado no centro de massa da mesma") é facilmente obtido num corpo de forma cilíndrica com área de base A e altura h (Fig. I.8):

$$F_1 = p(z_1)A = [\rho g(L-z_1) + p_0]A;$$

$$F_2 = p(z_2)A = [\rho g(L-z_2) + p_0]A;$$

$$\therefore F_{\text{empuxo}} = F_2 - F_1 = -\rho g(z_2-z_1)A = -\rho ghA = -mg,$$

sendo $m = \rho hA$ a massa do fluido deslocado.

O princípio de Arquimedes pode ser demonstrado de um modo rigoroso para um corpo imerso com uma forma qualquer, utilizando-se integrais de superfície e volumétricas. Ora, a força $d\vec{f}$ exercida pela pressão $p(\vec{r})$, no ponto $\vec{r}$, é dada por $d\vec{f} = -p(\vec{r})d\vec{A}$, onde $d\vec{A}$ é o elemento de área da superfície do corpo no ponto $\vec{r}$ (Fig. I.9). A força resultante devido à pressão $\vec{F}$ é dada por

$$\vec{F} = \int d\vec{f} = -\oint_{(S)} p(\vec{r})d\vec{A}.$$

Porém,

$$\oint_{(S)} \varphi d\vec{A} = \int_{(V)} \nabla\varphi dv.$$

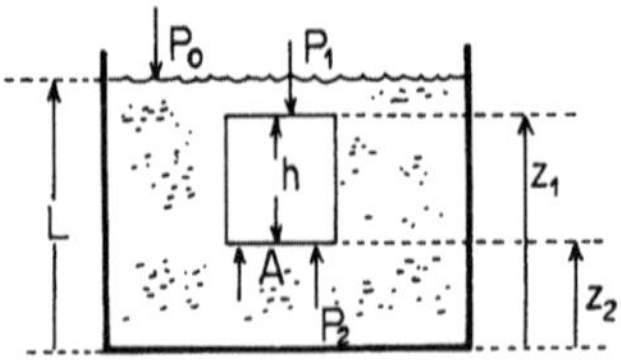

Fig. I.8

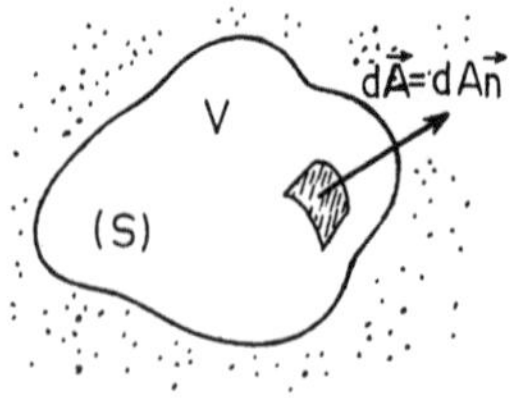

Fig. I.9

Como, pela Eq. de Euler (I.2.1) temos $\nabla p = -\rho\,\nabla\phi = -\rho g\vec{k}$, a resultante $\vec{F}$ é dada por:

$$\vec{F} = -\oint_{(S)} p(\vec{r})\,d\vec{A} = -\int_{(V)} \nabla p\,dv = g\vec{k}\int_{(V)} \rho\,dv\,,$$

ou seja,

$$\vec{F}_{\text{empuxo}} = \vec{F} = mg\vec{k}\,,$$

onde

$$m = \int_{(V)} \rho\,dv$$

é a massa da porção de fluido deslocada.

Forças e momentos sobre barragens

Este é um outro exemplo interessante de aplicação de pressão $p(z)$. Vamos considerar os casos de barragens planas (Fig. I.10) e parabólica (Fig. I.11).

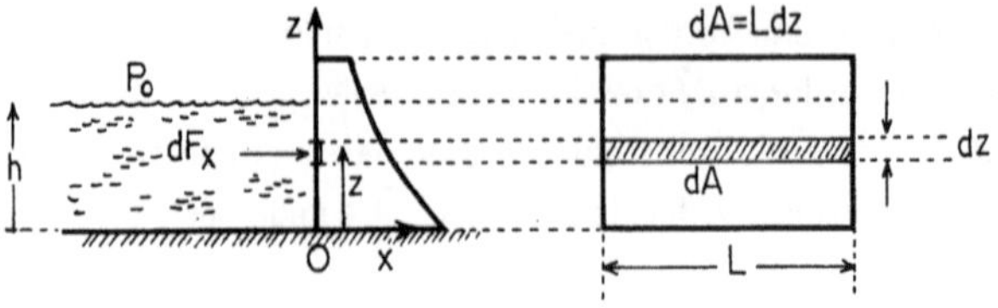

Fig. I.10

a) Barragem plana

$$dF_x(z) = p(z)dA = p(z)L\,dz = \rho g(h-z)L\,dz.$$

Assim,

$$F_x = \int dF_x(z) = \rho g \int_0^h (h-z)L\, dz = \rho g \frac{h^2}{2} L.$$

O momento $\vec{M}_0$ em relação ao ponto O é dado por:

$$\vec{M}_0 = \int z\vec{k} \times d\vec{F}_x = \vec{j} \int_0^h z\rho g(h-z)L\, dz = \rho g L \frac{h^3}{6} \vec{j}.$$

Se H for a altura acima de O na qual a resultante F_x deveria agir para produzir M_0, vem

$$F_x \cdot H = \rho g L \frac{h^2}{2} H = \rho g L \frac{h^3}{2} \Longrightarrow H = \frac{1}{3} h.$$

Portanto, a linha de ação da força resultante está a 1/3 da altura h.

b) Barragem parabólica

A superfície da barragem em contacto com o fluido tem a forma $z = x^2$ (Fig. I.11).

A força $d\vec{F}$ se decompõe em $\vec{i}$ e $\vec{k}$ da seguinte forma:

$$d\vec{F} = p\, d\vec{A} = p(z)\, ds\, L\vec{n} = p(z)L(dz\vec{i} - dx\,\vec{k}).$$

Assim

$$F_x = \rho L g \int_0^h (h-z)dz = \rho g \frac{h^2}{2} L$$

e

$$F_z = -\rho L g \int_0^{\sqrt{h}} (h-z)dx = \frac{2}{3} \rho g h^{3/2} L$$

O cálculo do momento das forças fica como um exercício.

A.2. Atmosfera Isotérmica

Admitindo que a atmosfera seja um gás ideal e que tenha uma temperatura constante, vamos calcular como variam a pressão e a densidade conforme a altura (Fig. I.12).

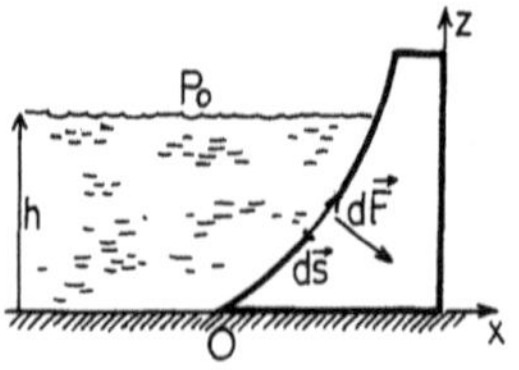

Fig. I.11

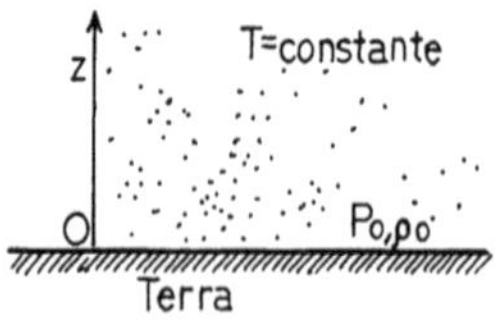

Fig. I.12

De $PV = NKT$, que é a equação de estado de um gás ideal, tiramos

$$p = \rho \frac{K}{m} T ,$$

onde m é a massa da molécula do gás. Substituindo a densidade $\rho = mp/KT$ na Eq. (A.1) obtemos

$$\frac{dp}{dz} = -\frac{mp}{KT} g ,$$

que, integrada, dá

$$p(z) = p_0 \exp\left[-\frac{mg}{KT} z\right].$$

A densidade $\rho(z)$ é dada, consequentemente, por

$$\rho(z) = \rho_0 \, exp\left[-\frac{mgz}{KT}\right]$$

A aproximação isotérmica não descreve a atmosfera de modo satisfatório. Veremos a seguir outros modelos mais adequados para a sua descrição.

A.3. Atmosfera Adiabática

Um modelo simples que se adota é o de admitir que o ar (seco), entrando em contacto com o solo (Fig. I.13), aquecido pelos raios solares, esquenta e se expande adiabaticamente, subindo até as camadas mais altas da atmosfera. Como numa transformação adiabática temos $Tp^{(1-\gamma/\gamma)} = \text{constante} = C$, onde $\gamma = Cp/Cv$ e lembrando que $\rho = mp/KT$, temos:

$$\left[\frac{dT}{dz}\right] = C\left[\frac{\gamma-1}{\gamma}\right]\frac{dp}{dz} p^{-1/\gamma} = \frac{1-\gamma}{\gamma}\,\frac{gm}{K}$$

onde usamos a Eq. (A.1).

Considerando $m \simeq m$ (nitrogênio) e usando $\gamma = 7/5 = 1{,}4$, obtemos o valor numérico para o gradiente de temperaturas:

$$\frac{dT}{dz} \cong -9{,}8^\circ/\text{km}.$$

Sabemos que $(dT/dz)_{\text{exp}} \cong -6^\circ/\text{km}$ na troposfera, camada de ar que vai de 0 até 10 km. Essa diferença entre o valor calculado e o que se mede é devida principalmente ao fato do ar ser úmido. Durante o processo de ascenção ocorre condensação do vapor de água, e a transformação não pode ser considerada adiabática.

A.4. Atmosfera Politrópica

Como a atmosfera não é isotérmica nem adiabática, adota–se o seguinte modelo para descrevê–la:

$$pV^n = \text{constante}.$$

Se $n = 1$, teríamos caso isotérmico; e, se $n = 1{,}4$, teríamos o adiabático.

Na troposfera (0 até 10 km), podemos colocar $n \cong 1{,}2$ e na estratosfera (de 10 até 50 km), a temperatura é praticamente constante, $T \cong -50°C$ valendo, então, $n \cong 1$.

Para maiores detalhes sobre problemas atmosféricos (formação de nuvens, inversão térmica, instabilidades, etc.), consultar Prandtl e Tietjens, *Fundamentals of Hydro and Aeromechanics* (vide Bibliografia).

A.5. Condição de Não–Convencção

Como vimos nos parágrafos anteriores, um fluido pode estar em equilíbrio mecânico, obedecendo à equação de Euler $dp/dz = -\rho g$, sem estar em equilíbrio térmico. Entretanto, se a diferença de temperatura entre certas regiões do sistema for suficientemente grande, podem surgir instabilidades aparecendo correntes de convecção. Quando isso acontece, o sistema se torna instável do ponto de vista mecânico, e a equação de Euler estática deixa de ser válida. Veremos agora quais as condições a serem obedecidas para que isso suceda.

Consideremos dois elementos de volume separados por uma pequena distância ξ (Fig. I.14). O campo gravitacional atrai as partículas para baixo, e o gradiente de temperaturas (temperatura maior embaixo!) tende a fazer com que elas subam.

Suponhamos que o elemento $V(p,s)$ suba até o ponto $z + \xi$. Como a transformação que sofre deve ser adiabática, no ponto $z + \xi$ ele fica com $V(p',s)$.

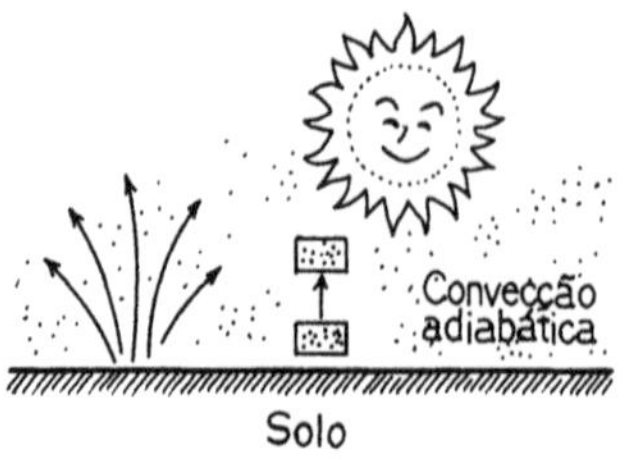

Fig. I.13

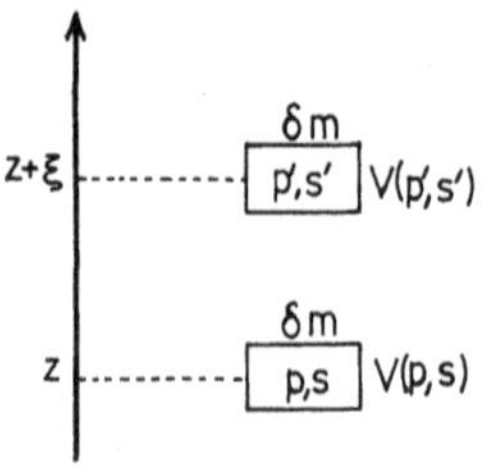

Fig. I.14

Ora, para que o equilíbrio seja estável é necessário (mas nem sempre suficiente) que $V(p',s') > V(p',s)$.

Expandindo $V(p',s') - V(p',s)$ em função de

$$s' - s = \xi \frac{ds}{dz},$$

decorre,

$$V\left[p',\, s + \frac{ds}{dz}\xi\right] - V(p',s) = V(p',s) + \left[\frac{\partial V}{\partial s}\right]_{p'} \xi \frac{ds}{dz} - V(p',s)$$

$$= \left[\frac{\partial V}{\partial s}\right]_{p'} \left[\frac{ds}{dz}\right] \xi > 0.$$

Devemos ter, então, genericamente (usando p ao invés de p'),

$$\left[\frac{\partial V}{\partial s}\right]_p \frac{ds}{dz} > 0.$$

Como

$$\left[\frac{\partial V}{\partial s}\right]_p = \frac{T}{C_V} \left[\frac{\partial V}{\partial T}\right]_p,$$

resulta

$$\left[\frac{\partial V}{\partial T}\right]_p \frac{ds}{dz} > 0.$$

Para a grande maioria das substâncias,

$$\left[\frac{\partial V}{\partial T}\right]_p > 0,$$

pois se expandem ao serem aquecidas. Para estas, a condição para que não ocorra a convecção se torna muito simples: $ds/dz > 0$. Ou seja, a entropia deve crescer com a altura.

Escrevendo $S = S(P,T)$,

$$\frac{ds}{dz} = \left[\frac{\partial S}{\partial T}\right]_p \frac{dT}{dz} + \left[\frac{\partial S}{\partial P}\right]_T \frac{dp}{dz} = \frac{C_p}{T}\frac{dT}{dz} - \left[\frac{\partial V}{\partial T}\right]_p \frac{ds}{dz} > 0;$$

ou, ainda,

$$\frac{dT}{dz} > \frac{T}{C_p}\left[\frac{\partial V}{\partial T}\right]_p \frac{ds}{dz} = -g\rho \frac{dp}{dz}\left[\frac{\partial V}{\partial T}\right]_p,$$

impondo que $dp/dz = -\rho g$.

Então, a condição para que não haja convecção é

$$\frac{dT}{dz} > -g\rho \frac{T}{C_p}\left[\frac{\partial V}{\partial T}\right]_p.$$

Façamos uma estimativa para a atmosfera, admitindo que o ar seja um gás perfeito. Como, nesse caso,

$$\frac{T}{V}\left[\frac{\partial V}{\partial T}\right]_p = 1,$$

$$\frac{dT}{dz} > -g/c_p$$

onde c_p é o calor expecífico/grama.

Para um gás diatômico (N_2) e $g \simeq 10\ \text{m/s}^2$ vemos que o gradiente de temperaturas deve ser

$$\frac{dT}{dz} > -10^{\circ}/\text{km}.$$

B. EQUILÍBRIO DE GRANDES MASSAS

Suponhamos que um fluido esteja confinado em uma região do espaço devido à atração gravitacional (Fig. I.15). Vamos admitir que os efeitos gravitacionais não sejam muito intensos, de tal maneira que possamos usar o tratamento newtoniano da gravitação. Portanto, sendo ϕ o potencial gerado pela distribuição de massas, a condição $\nabla^2\phi = 4\pi G\rho$ está satisfeita. Se não houver convecção, a Eq. (I.2.1) poderá ser aplicada, dando:

$$\nabla \cdot \left[\frac{\nabla p}{\rho}\right] = -4\pi G\rho.$$

Se o sistema não estiver em rotação ele apresentará uma simetria esférica, simplificando a equação acima, que se torna,

$$\frac{1}{r^2}\frac{d}{dr}\left[\frac{r^2}{\rho}\frac{dp}{dr}\right] = -4\pi G\rho.$$

Como podemos ver no livro *Physique Statistique*, de Landau e Lifishitz (vide Bibliografia), ela é o ponto de partida para o estudo do equilíbrio estelar.

Se a temperatura do sistema for constante, uma equação semelhante poderá ser deduzida para o potencial químico μ do fluido. Ora, sendo $g = \mu N$ a função de Gibbs e M a massa total do aglomerado, temos

$$d\left[\frac{g}{M}\right] = d\left[\frac{\mu N}{M}\right] = -sdT + \frac{sp}{\rho} = 0 + \frac{dp}{\rho}$$

Daí, $\nabla p/\rho = \nabla(\mu N/M)$. Como $\nabla p/\rho = -\nabla\phi$, decorre $\nabla(\mu N/M + \phi) = 0$, donde $\mu + m\phi =$ constante. Consequentemente, $d\mu/dr = -md\phi/dr$. Finalmente, como

$$\frac{1}{r^2}\frac{d}{dr}\left[r^2\frac{d\phi}{dr}\right] = -4\pi G\rho,$$

teremos

$$\frac{1}{r^2}\frac{d}{dr}\left[r^2\frac{d\mu}{dr}\right] = -4\pi Gm\rho.$$

I.3. FLUXO DE ENERGIA

Multiplicando ambos os membros da equação de Euler (I.1.1) por $\delta m\,\mathbf{v}\cdot$ temos:

$$\frac{d}{dt}\left[\frac{1}{2}\rho\mathbf{v}^2\delta V\right] = -\mathbf{v}\cdot(\nabla p + \rho\nabla\phi)\delta V. \tag{I.3.1}$$

Como

$$\frac{d}{dt}(p\delta V) = \frac{dp}{dt}\delta V + p\frac{d}{dt}(\delta V) = \left[\frac{\partial p}{\partial t} + \mathbf{v}\cdot\nabla p\right]\delta V + p\,\nabla\cdot\mathbf{v}\delta V,$$

de acordo com as Eqs. (P.1.1) e (P.2.1), resulta

$$-\mathbf{v}\cdot\nabla p\,\delta V = -\frac{d}{dt}(p\delta V) + \frac{\partial p}{\partial t}\delta V + p\,\nabla\cdot\mathbf{v}\,\delta V.$$

Levando em conta também que

$$\mathbf{v}\cdot\nabla\phi\,\rho\,\delta V = \left[\frac{d\phi}{dt} - \frac{\partial\phi}{\partial t}\right]\rho\,\delta V = \frac{d}{dt}(\rho\,\delta V\,\phi) - \rho\,\delta V\,\frac{\partial\phi}{\partial t},$$

obtemos, de (I.3.1):

$$\frac{d}{dt}\left[\frac{1}{2}\,\mathbf{v}^2\delta V\right] = -\frac{d}{dt}(p\delta V) + \frac{\partial p}{\partial t}\,\delta V + p\,\nabla\cdot\mathbf{v}\,\delta V - \frac{d}{dt}(\rho\phi\delta V) + \rho\,\frac{\partial\phi}{\partial t}\,\delta V;$$

ou ainda,

$$\frac{d}{dt}\left[\left[\frac{1}{2}\,\rho\,\mathbf{v}^2 + p + \rho\phi\right]\delta V\right] = \left[\frac{\partial p}{\partial t} + \rho\,\frac{\partial\phi}{\partial t}\right]\delta V + p\,\nabla\cdot\mathbf{v}\,\delta V.$$

A variação da energia interna U da partícula do fluido ao longo de sua trajetória é dada por $dU = Tds - pd(\delta V) = -\,pd(\delta V) = -\,p(\nabla\cdot\mathbf{v})\delta V\,dt$ num caso isentrópico. Pondo $u = U/\delta m$ = energia interna/grama, temos

$$\frac{d}{dt}(u\delta m) = -\,p(\nabla\cdot\mathbf{v})\delta V.$$

Desse modo,

$$\frac{d}{dt}\left[\left[\frac{1}{2}\,\rho\,\mathbf{v}^2 + p + \rho\phi + \rho u\right]\delta V\right] = \left[\frac{\partial p}{\partial t} + \rho\,\frac{\partial\phi}{\partial t}\right]\delta V; \qquad \text{(I.3.2)}$$

ou ainda

$$\frac{d}{dt}\left[\frac{\mathbf{v}^2}{2} + \frac{p}{\rho} + \phi + u\right] = \frac{1}{\rho}\,\frac{\partial p}{\partial t} + \frac{\partial\phi}{\partial t}. \qquad \text{(I.3.3)}$$

Definindo

$$\Theta = \frac{1}{2}\,\rho\mathbf{v}^2 + p + \rho\phi + \rho u$$

e

$$Q = \frac{\partial p}{\partial t} + \rho\,\frac{\partial\phi}{\partial t},$$

a Eq. (I.3.2) pode ser reescrita na forma

$$\frac{d}{dt}[\Theta\delta V] = Q\delta V = \left[\frac{\partial\Theta}{\partial t} + \nabla\cdot(\Theta\mathbf{v})\right]\delta V.$$

Caso estacionário

Quando

$$Q = \frac{\partial p}{\partial t} + \rho\,\frac{\partial\phi}{\partial t} = 0$$

e

$$\frac{\partial\Theta}{\partial t} = \frac{\partial}{\partial t}\left[\frac{1}{2}\,\rho\,\mathbf{v}^2 + p + \rho\phi + \rho u\right] = 0,$$

decorre:

$$\nabla\cdot\left[\frac{1}{2}\,(\rho\mathbf{v}^2 + p + \rho\phi + \rho u)\mathbf{v}\right] = \nabla\cdot[\Theta\mathbf{v}] = 0.$$

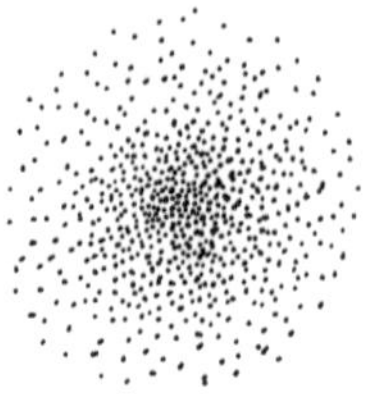

Fig. I.15

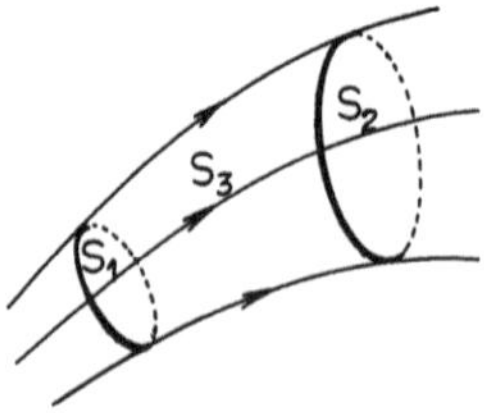

Fig. I.16

Consideremos agora um **tubo de fluxo** com volume V limitado pela superfície $S = S_1+S_2+S_3$, conforme Fig. I.16. O fluxo da grandeza $\Theta\delta V$ por S é dado por $\Phi = \oint_{(S)} \Theta\vec{v}\cdot d\vec{A}$, que, pelo teorema do divergente, fica

$$\Phi = \oint \Theta\vec{v}\cdot d\vec{A} = \int \nabla\cdot[\Theta\vec{v}]\mathrm{d}V = 0.$$

Como, por construção, os elementos $d\vec{A} \in S_3$ são ortogonais a $\vec{v}$, só existe contribuição do fluxo em S_1 e S_2; e, além disso, vale

$$\Phi_1 = \oint_{(S_1)} \Theta\vec{v}\cdot d\vec{A} = -\oint_{(S_2)} \Theta\vec{v}\cdot d\vec{A} = -\Phi_2.$$

Isso significa que, para qualquer secção (S_n) do tubo de fluxo, a vazão Φ_n é constante. O fluxo Φ_n tem dimensão de energia/s.

A. A VARIAÇÃO DA ENERGIA TOTAL

A expressão

$$\frac{d}{dt}[\Theta\delta V] = Q\delta V$$

pode ser reescrita como:

$$\frac{d}{dt}\left[\rho\left[\frac{1}{2}\vec{v}^2 + \phi + u\right]\delta V\right] = Q\delta V - \frac{d}{dt}(p\delta V).$$

Como

$$\frac{d}{dt}(p\delta V) = \left[\frac{\partial p}{\partial t} + \nabla\cdot(p\vec{v})\right]\delta V$$

a última equação se torna

$$\frac{d}{dt}\left[\rho\delta V\left[\frac{1}{2}\vec{v}^2 + \phi + u\right]\right] = \left[\frac{\partial\phi}{\partial t}\rho - \nabla\cdot(p\vec{v})\right]\delta V\,.$$

A parcela $\rho\delta V\left[\frac{1}{2}\,\vec{v}^2+\phi+u\right] \equiv \delta_E$ nada mais é do que a **energia total** da partícula com massa $\rho\delta V = \delta m$. O termo

$$Q_E \equiv \rho\frac{\partial\phi}{\partial t} - \nabla\cdot(p\vec{v})$$

dá a criação ou a destruição da energia, conforme a Sec. P.3. De acordo com a Eq. (P.3.1),

$$\frac{\partial}{\partial t}(\rho_E) + \nabla\cdot(\rho_E\,\vec{v}) = \mathrm{Q}_E$$

onde $\rho_E = \rho\left[\frac{1}{2}\,\vec{v}^2+\phi+u\right]$ é a densidade de energia total (cinética + potencial + interna). Mais explicitamente, temos:

$$\frac{\partial}{\partial t}(\rho_E) = \rho\frac{\partial\phi}{\partial t} - \nabla\cdot(\rho_E\,\vec{v}) - \nabla\cdot(p\vec{v}).$$

Para interpretarmos cada um dos termos, calculemos a variação da energia total do fluido no interior da superfície fixa (S) vista na Fig. I.17:

$$\frac{\partial}{\partial t}(\mathrm{E}) = \frac{\partial}{\partial t}\int_{(V)} \rho_E\, dV$$

$$= \int_{(V)} \frac{\partial\rho_E}{\partial t}\, dV$$

$$= \int_{(V)} \left[\rho\frac{\partial\phi}{\partial t} - \nabla\cdot(\rho_E\vec{v}) - \nabla\cdot(p\vec{v})\right] dV$$

$$= \int_{(V)} \rho\frac{\partial\phi}{\partial t}\, dV - \int_{(S)} \rho_E\vec{v}\cdot d\vec{A} - \int_{(S)} p\vec{v}\cdot d\vec{A}.$$

Ou seja, a variação da energia total E em (V) se deve, na ordem das integrais acima: 1º) à variação temporal do potencial ϕ; 2º) ao fluxo de fluido através de (S) que leva energia consigo; e 3º) ao trabalho das forças de pressão sobre a superfície (S).

B. TEOREMA DE BERNOUILLI

O teorema de Bernouilli (ou equação de Bernoulli) é apresentado sob muitas formas, dependendo das condições do fluxo. A forma mais geral para o teorema é obtida da expressão (I.3.3) levando em conta que a entalpia $h = u+p/\rho$ e que $dh = dp/\rho$ no caso adiabático:

$$d\left[\frac{v^2}{2}\right] + d\phi + \frac{dp}{\rho} = \frac{1}{\rho}\frac{\partial p}{\partial t}\,dt + \frac{\partial \phi}{\partial t}\,dt\,.$$

Integrando essa equação entre os pontos 1 e 2 quaisquer ao longo de uma mesma linha de corrente (Fig. I.18), obtemos a **equação de Bernouilli generalizada**:

$$\frac{v_2^2}{2} - \frac{v_1^2}{2} + (\phi_2 - \phi_1) + \int_1^2 \frac{dp}{\rho} = \int_1^2 \left[\frac{1}{\rho}\frac{\partial p}{\partial t} + \frac{\partial \phi}{\rho\, t}\right]. \qquad \text{(I.3.4)}$$

Quando o movimento for estacionário,

$$\frac{\partial p}{\partial t} = \frac{\partial \phi}{\partial t} = 0,$$

a Eq. (I.3.4) fica, lembrando que $dp/\rho = dh$:

$$\frac{v_2^2}{2} + \phi_2 + h_2 = \frac{v_1^2}{2} + \phi_1 + h_1 = \text{constante.} \qquad \text{(I.3.5)}$$

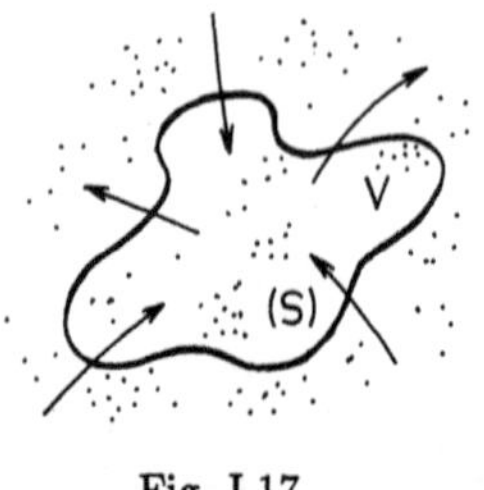

Fig. I.17

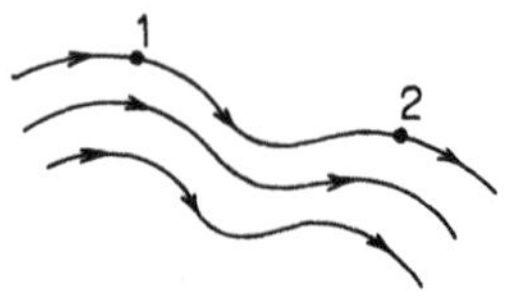

Fig. I.18

Se, além disso, o fluido for *incompressível*, $\rho =$ constante, o que implica em $du = Tds - pdv = 0 - pd(1/\rho) = 0$. Ou seja, $u =$ constante, o que acarreta no seguinte:

$$\frac{\vec{v}_2^2}{2} + \phi_2 + \frac{p_2}{\rho} = \frac{\vec{v}_1^2}{2} + \phi_1 + \frac{p_1}{\rho} = \text{constante.} \qquad (I.3.6)$$

I.4. FLUXO DE MOMENTO LINEAR

Calculemos

$$\frac{\partial}{\partial t}(\rho\vec{v}) = \frac{\partial}{\partial t}(\vec{p}_P),$$

onde $\vec{p}_P = \rho\vec{v}$ é a **densidade de momento linear**:

$$\frac{\partial}{\partial t}(\rho\vec{v}) = \rho\frac{\partial\vec{v}}{\partial t} + \vec{v}\frac{\partial\rho}{\partial t},$$

que, decomposta nas componentes x, y, z, fica:

$$\frac{\partial}{\partial t}(\rho v_i) = \rho\frac{\partial v_i}{\partial t} + v_i\frac{\partial\rho}{\partial t} \qquad (i = 1,2,3).$$

Da equação de continuidade (P.3.2) temos

$$\frac{\partial\rho}{\partial t} = -\frac{\partial}{\partial x_k}(\rho v_k). \qquad (I.1.1)$$

E, da equação de Euler,

$$\frac{\partial v_i}{\partial t} = -v_k\frac{\partial v_i}{\partial x_k} - \frac{1}{\rho}\frac{\partial p}{\partial x_i} - \frac{\partial\phi}{\partial x_i}.$$

Com o auxílio dessas duas expressões:

$$\frac{\partial}{\partial t}(\rho v_i) = -\rho\frac{\partial v_i}{\partial x_k}v_k - \frac{\partial p}{\partial x_i} - v_i\frac{\partial}{\partial x_k}(\rho v_k) - \rho\frac{\partial\phi}{\partial x_i}$$

$$= -\frac{\partial}{\partial x_k}(\rho v_i v_k) - \frac{\partial p}{\partial x_i} - \rho\frac{\partial\phi}{\partial x_i}.$$

Substitutindo

$$\frac{\partial p}{\partial x_i} = \delta_{ik} \frac{\partial p}{\partial x_k}$$

decorre

$$\frac{\partial}{\partial t}(\rho v_i) = \frac{\partial}{\partial x_k}\Pi_{ik} - \rho \frac{\partial \phi}{\partial x_i},$$

onde o tensor $\Pi_{ik} = p\delta_{ik} + \rho v_i v_k$ é simétrico e tem dimensão de momento/cm$^2\cdot$s. Ele é denominado de **tensor fluxo de momento**. Para interpretarmos os termos

$$\frac{\partial}{\partial t}(\rho v_i),$$

precisamos calcular a variação do momento/s de um fluido envolvido por uma superfície fixa (S), como fizemos no caso do fluxo de energia. Daí,

$$\frac{\partial}{\partial t}\int_{(V)} \rho v_i \mathrm{d}V = \frac{\partial}{\partial t}\int_{(V)} P_i = F_i = (\text{componente } i \text{ da força } \vec{F})$$

$$= \int_{(V)} \frac{\partial}{\partial t}(\rho v_i)\mathrm{d}V = -\int_{(V)} \frac{\partial}{\partial x_k}(\Pi_{ik})dV - \int_{(V)} \rho \frac{\partial \phi}{\partial x_i} dV$$

$$= -\oint_{(S)} \Pi_{ik}\, dA_k - \int_{(V)} \rho \frac{\partial \phi}{\partial x_i} dV. \qquad \text{(I.4.1)}$$

A última integral nada mais é do que é a i^{esima} componente da força gravitacional sobre o fluido. A primeira integral pode ser decomposta usando–se Π_{ik}:

$$\oint_{(S)} \Pi_{ik}\, dA_k = \oint_{(S)} p\, dA_i + \oint_{(S)} (\rho v_i) v_k\, dA_k$$

onde, agora, a primeira integral mostra forças geradas pela pressão, e a segunda as que são produzidas pelo fluxo de massa, através de (S), que carrega momento consigo.

Apenas, para terminar, notemos que Π_{ik} nos diz qual é o fluxo da componente i do momento ao longo da direção k.

I.5. CONSERVAÇÃO DA CIRCULAÇÃO DA VELOCIDADE

Seja γ uma curva (vide figura I.19) formada por um colar de elementos de volume 1, 2, ..., i–1, i, i+1, ..., k–1, k, k+1, ..., N. Quando o fluido se movimenta, a curva γ se deforma. Porém, como o fluido é contínuo, os elementos de volume adjacentes permanecem adjacentes. Sendo $\delta\vec{s}$ um elemento de arco de γ, a integral

$$\Gamma(t) = \oint_{\gamma} \vec{v} \cdot \delta\vec{s}$$

chama–se **circulação da velocidade** em γ.

Vamos mostrar que, para um fluido ideal, $d\Gamma/dt = 0$. A derivada total indica que é calculada uma variação de Γ ao longo de uma curva que se movimenta com o fluido.

A integral $\oint \vec{v} \cdot \delta\vec{s}$ corresponde a uma somatória sobre todas as secções da curva γ. Assim,

$$\Gamma(t+dt) = \sum_{\text{secções}} \vec{v}(t+dt) \cdot \delta\vec{s}(t+dt),$$

$$\Gamma(t) = \sum_{\text{secções}} \vec{v}(t) \cdot \delta\vec{s}(t).$$

Portanto, como $\vec{v}(t+dt) = \vec{v}(t) + d\vec{v}$ e $\delta\vec{s}(t+dt) = \delta\vec{s}(t) + d(\delta\vec{s})$, resulta:

$$\Gamma(t+dt) - \Gamma(t) = \sum [(\vec{v}+d\vec{v}) \cdot (\delta\vec{s} + d(\delta\vec{s})) - \vec{v} \cdot \delta\vec{s}]$$

$$\simeq \sum [\vec{v} \cdot d(\delta\vec{s}) + d\vec{v} \cdot \delta\vec{s}] = d\Gamma,$$

desprezando termos de segunda ordem. Assim,

$$\frac{d\Gamma}{dt} = \sum_{\text{secções}} \left[\vec{v} \cdot \frac{d}{dt}(\delta\vec{s}) + \delta\vec{s} \cdot \frac{d\vec{v}}{dt}\right]$$

Observando $\gamma(t)$ e $\gamma(t+dt)$, concluímos, através da Fig. I.20, que $\delta\vec{s}(t+dt) + \vec{v}_i dt = \delta\vec{s}(t) + \vec{v}_{i+1} dt$. Ou seja, $d(\delta\vec{s}) = \delta\vec{s}(t+dt) - \delta\vec{s}(t) = (\vec{v}_{i+1} - \vec{v}_i) dt$.

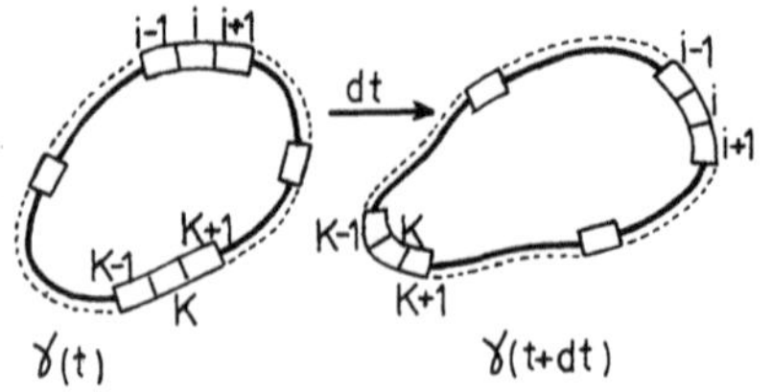

Fig. I.19

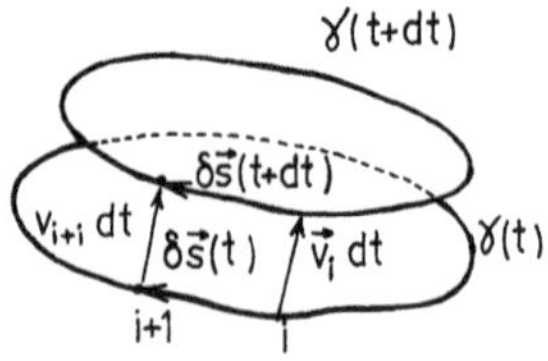

Fig. I.20

Como $\vec{v}_{i+1} - \vec{v}_i = \delta\vec{v}$, temos

$$\frac{d}{dt}(\delta\vec{s}) = \delta\vec{v}\,.$$

Substitutindo este último resultado em $d\Gamma/dt$ decorre

$$\frac{d\Gamma}{dt} = \sum \left[\vec{v}\cdot\delta\vec{v} + \frac{d\vec{v}}{dt}\cdot\delta\vec{s} \right] = \oint_{(\gamma)} \vec{v}\cdot\delta\vec{v} + \oint_{(\gamma)} \frac{d\vec{v}}{dt}\cdot\delta\vec{s}$$

$$= \frac{1}{2}\oint_{(\gamma)} \delta\vec{v}^2 + \oint_{(\gamma)} \nabla(\phi + h)\cdot\delta\vec{s}\,,$$

onde na segunda integral usamos a Eq. (I.1.1), lembrando que, quando o processo é isentrópico, $\nabla h = \nabla p/\rho$. Como ambas as integrais são de diferenciais exatas calculadas ao longo de uma curva fechada resulta

$$\frac{d\Gamma}{dt} = 0 \qquad \text{ou} \qquad \Gamma(t) = \oint_{\gamma} \vec{v}\cdot\delta\vec{s} = \text{constante.} \tag{I.5.1}$$

Esse resultado é denominado **teorema da conservação da circulação** ou **de Thomson.**

Se a curva γ fosse fixa no espaço, teríamos, do mesmo modo, $d\Gamma/dt = 0$.

I.6. FLUXO POTENCIAL

Conforme vimos no início do curso, se durante o fluxo os elementos de volume não tiverem momento angular intrínseco (*spin*), a condição $\nabla \times \vec{v} = 0$ deve ser obedecida. O fluxo é então chamado de irrotacional ou **potencial**. Este último nome é devido ao fato de que deve existir uma **função potencial** $\varphi(\vec{r},t)$, tal que $\vec{v} = \nabla\varphi$, a qual irá satisfazer a igualdade $\nabla \times \vec{v} = \nabla \times (\nabla\varphi) = 0$ sempre.

Vamos mostrar agora o seguinte: "se, num fluxo isentrópico de um fluido ideal, em determinado instante (t=0), temos $\vec{\omega} = \frac{1}{2}(\nabla \times \vec{v}) = 0$, em qualquer outro instante ($t > 0$), $\vec{\omega}$ deve ser nulo".

Para efetuarmos essa prova usemos a equação de Euler (I.1.2)

$$\frac{\partial \vec{\omega}}{\partial t} + \nabla \times (\vec{\omega} \times \vec{v}) = 0,$$

que tem como solução geral a série,

$$\vec{\omega}(\vec{r},t) = \vec{\omega}(\vec{r},0) + \sum_{n=1}^{\infty} \left[\frac{\partial^n \vec{\omega}}{\partial t^n}\right]_{t=0} \frac{t^n}{n!}.$$

Se a condição inicial $\vec{\omega}(\vec{r},0) = 0$ estiver satisfeita veremos que, pela Eq. (I.1.2),

$$\left[\frac{\partial \vec{\omega}}{\partial t}\right]_{t=0} = 0.$$

Analisemos o que sucede com a derivada segunda:

$$\left[\frac{\partial^2 \vec{\omega}}{\partial t^2}\right]_{t=0} + \nabla \times \left[\frac{\partial \vec{\omega}}{\partial t} \times \vec{v}\right] + \nabla \times \left[\vec{\omega} \times \frac{\partial \vec{v}}{\partial t}\right] = 0.$$

Ora, se $\vec{\omega}(\vec{r},0) = (\partial\vec{\omega}/\partial t)_{t=0} = 0$, é óbvio que $(\partial^2\vec{\omega}/\partial t^2)_{t=0}$ também se anula. Assim, sucessivamente se verifica que as derivadas $(\partial^n\vec{\omega}/\partial t^n)_{t=0} = 0$ ($n = 3,4,\ldots$).

Levando isso em conta na solução em série de $\vec{\omega}(\vec{r},t)$, conclui-se que $\vec{\omega}(\vec{r},t) = 0$, para qualquer instante $t > 0$.

A. RELAÇÃO ENTRE Γ E $\nabla \times \vec{v}$

Consideremos uma curva γ no interior de um fluido e ao longo da qual calculamos a circulação Γ:

$$\Gamma = \oint_\gamma \vec{v} \cdot \delta\vec{s}\,.$$

Se $\vec{v}(\vec{r},t)$ for uma função contínua, tiver derivadas primeiras contínuas e a região em questão for simplesmente conexa, vale o **teorema de Stokes** (ou do **rotacional**):

$$\Gamma = \oint_{\gamma} \vec{v}\cdot\delta\vec{s} = \oint_{(S)} (\nabla\times\vec{v})\cdot d\vec{A}\ ,$$

onde (S) é uma superfície qualquer que se apóia em γ, de acordo com Fig. I.21.

B. EQUAÇÃO DE BERNOUILLI PARA FLUIDO IRROTACIONAL

A equação de Euler (I.1.1) no caso isentrópico se torna

$$\frac{\partial\vec{v}}{\partial t} + \frac{1}{2}\nabla(\vec{v}^2) - \vec{v}\times(\nabla\times\vec{v}) = -\nabla(h+\phi).$$

Impondo a condição $\nabla\times\vec{v} = 0$, e lembrando que $\vec{v} = \nabla\varphi(\vec{r},t)$ teremos:

$$\nabla\left[\frac{\partial\varphi}{\partial t} + \frac{1}{2}\vec{v}^2 + h + \phi\right] = 0;$$

ou ainda

$$\frac{\partial\varphi}{\partial t} + \frac{1}{2}\vec{v}^2 + h + \phi \equiv f(t),$$

onde $f(t)$ é uma função arbitrária do tempo, que pode ser posta, sem perda de generalidade, igual a zero, pois podemos fazer uma transformação $\varphi \to \varphi + \int f(t)dt$ sem alterar o campo de velocidades $\vec{v} = \nabla\varphi$.

No caso **estacionário**, $\partial\varphi/\partial t = 0$ e $f(t) =$ constante, resultando em

$$\frac{\vec{v}^2}{2} + h + \phi = \text{constante} = \frac{\vec{v}_1^2}{2} + h_1 + \phi_1 = \frac{\vec{v}_2^2}{2} + h_2 + \phi_2\ , \qquad \text{(I.6.1)}$$

onde os pontos 1 e 2 são quaisquer e não precisam pertencer à mesma linha de corrente, como tínhamos nas Eqs. (I.3.4), (I.3.5) e (I.3.6).

C. FLUIDO IRROTACIONAL E INCOMPRESSÍVEL

Se, além de $\nabla\times\vec{v} = 0$, tivermos $\nabla\cdot\vec{v} = 0$ é fácil vermos que a condição $\nabla^2\varphi = 0$ deve valer, pois $\vec{v} = \nabla\varphi$.

Supondo também que o fluxo seja **isentrópico**, vemos que $du = Tds - pd(1/\rho) = 0$, ou seja, $u =$ constante. Como a entalpia $h = u + p/\rho$, a Eq. (I.6.1) se simplifica:

$$\frac{\vec{v}_1^2}{2} + \frac{p_1}{\rho} + \phi_1 = \frac{\vec{v}_2^2}{2} + \frac{p_2}{\rho} + \phi_2 = \text{constante}. \qquad \text{(I.6.2)}$$

D. CIRCULAÇÃO EM TORNO DE UM CORPO IMERSO NUM FLUXO POTENCIAL

Se um corpo estiver imerso em um fluido irrotacional a circulação Γ em torno do mesmo é nula. Vamos demonstrar esse resultado no caso de sistema (fluido & sólido) com simetria cilíndrica, conforme a Fig. I.22.

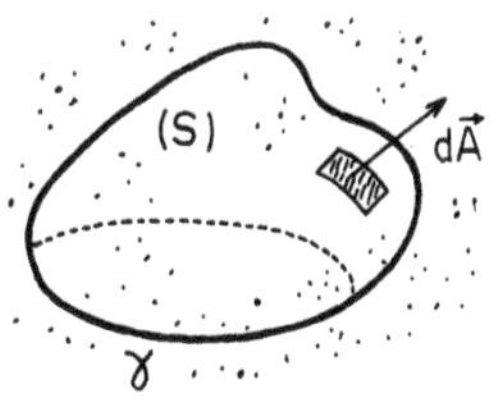

Fig. I.21

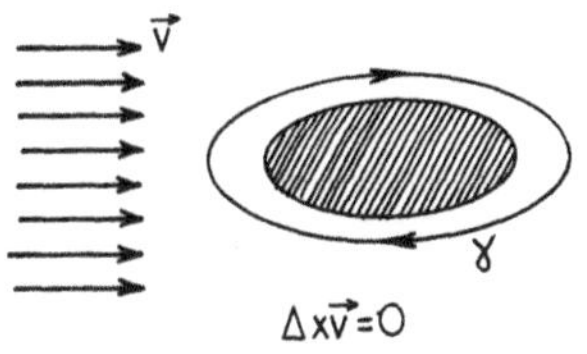

Fig. I.22

Não podemos calcular $\Gamma \oint_\gamma \vec{v} \cdot d\vec{s}$ usando o teorema de Stokes porque a região envolvida pela curva γ não é simplesmente conexa. Então, para efetuarmos os cálculos, devemos levar em conta duas regiões envolvidas pelas curvas φ e φ'desenhadas na Fig. I.23.

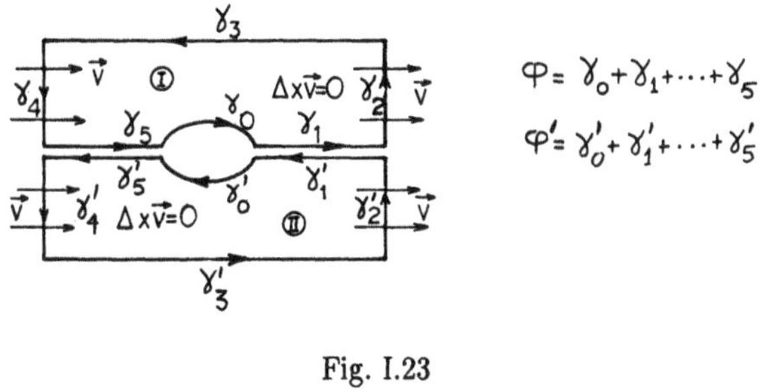

Fig. I.23

Os contornos γ_2, γ_3, γ_4, γ_2', γ_3' e γ_4' vistos na Fig. I.23, são considerados como muito afastados da região central envolvida por $\gamma = \gamma_0 + \gamma_0'$ onde se encontra o corpo. Para as regiões (I) e (II), envolvidas pelas curvas φ e φ', respectivamente, podemos aplicar a fórmula de Stokes:

$$\oint_{\varphi,\varphi'} \vec{v}\cdot d\vec{s} = \oint_{S_I,S_{II}} (\nabla \times \vec{v})\cdot d\vec{A} = 0,$$

pois $\nabla \times \vec{v} = 0$ em I e II. Ora, isso permite escrevermos

$$\oint_{\varphi} \vec{v}\cdot d\vec{s} = \int_{\gamma_0} (\cdots) + \int_{\gamma_1} (\cdots) + \cdots + \int_{\gamma_5} (\cdots) = 0$$

$$\oint_{\varphi'} \vec{v}\cdot d\vec{s} = \int_{\gamma_0'} (\cdots) + \int_{\gamma_1'} (\cdots) + \cdots + \int_{\gamma_5'} (\cdots) = 0,$$

o que implica na igualdade

$$\oint_{\varphi} \vec{v}\cdot d\vec{s} + \oint_{\varphi'} \vec{v}\cdot d\vec{s} = 0 = \int_{\gamma_0} + \int_{\gamma_0'} + \int_{\gamma_1} + \int_{\gamma_1'} + \cdots + \int_{\gamma_5} + \int_{\gamma_5'} .$$

Ora, por construção, vemos que

$$\int_{\gamma_2} = \int_{\gamma_2'} = \int_{\gamma_4} = \int_{\gamma_4'} = 0 \quad \text{e} \quad \int_{\gamma_1} + \int_{\gamma_1'} = \int_{\gamma_3} + \int_{\gamma_3'} = \int_{\gamma_5} + \int_{\gamma_5'} = 0.$$

Daí tiramos

$$\int_{\gamma_0} \vec{v}\cdot d\vec{s} + \int_{\gamma_0'} \vec{v}\cdot d\vec{s} = \oint_{\gamma} \vec{v}\cdot d\vec{s} = 0,$$

ou seja, a **circulação** de velocidades em torno do corpo é **nula**:

$$\Gamma = \oint_{\gamma} \vec{v}\cdot d\vec{s} = 0.$$

A demonstração foi feita para um caso particular (com simetria plana), mas vale para um corpo com uma forma arbitrária imerso num **fluido irrotacional**.

Suponhamos agora que um fluido ideal irrotacional seja jogado de encontro a um sólido (Fig. I.24). Ora, se inicialmente $\vec{\omega}(\vec{r},0) = 0$, de acordo com o que vimos em (I.6), $\vec{\omega}(\vec{r},t) = 0$ para qualquer instante de tempo t. Ou seja, um fluido ideal irrotacional permanece sempre irrotacional.

I.7. APLICAÇÕES

A. FENÔMENO DE VENTURI

Vamos estudar o escoamento de um fluido incompressível num tubo horizontal de secção transversal variável (Fig. I.25). Sejam $A_1 = A_3$ e A_2 as áreas das secções nos pontos 1, 2 e 3. Suporemos as secções suficientemente pequenas para que possamos desprezar o efeito do campo gravitacional. Assim, as pressões p_i e v_i ($i = 1,2,3$) podem ser consideradas constantes sobre elas. Por simetria, $p_1 = p_3$ e $v_1 = v_3$.

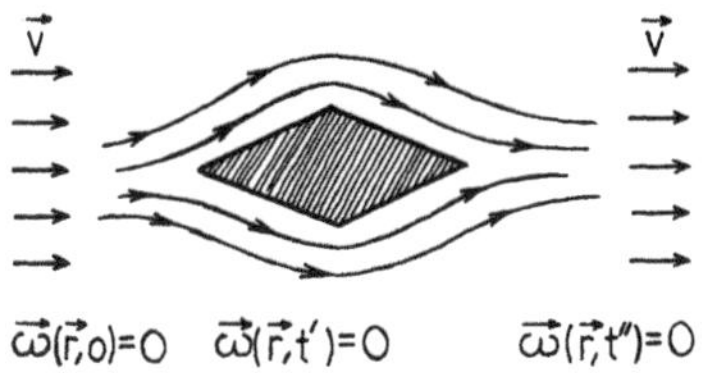

Fig. I.24

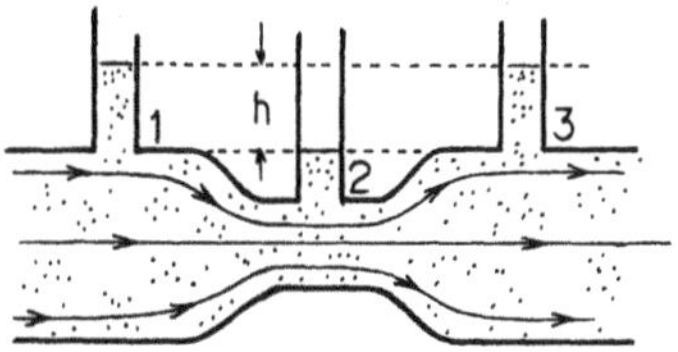

Fig. I.25

Como o fluido é incompressível, vale

$$\Phi = (\text{massa/s}) = \text{vazão} = \rho v_1 A_1 = \rho v_2 A_2,$$

que é um resultado da equação de continuidade (P.3.2). Como $A_1 > A_2$ temos $v_2 = v_1 A_1/A_2 > v_1$. Usando a Eq. (I.3.6) de Bernouilli, temos:

$$p_1 + \frac{1}{2}\rho v_1^2 = p_2 + \frac{1}{2}\rho v_2^2 \Longrightarrow p_1 - p_2 = \frac{\rho(v_2^2 - v_1^2)}{2}.$$

Ou ainda, $p_1 - p_2 = \rho(A_1^2 - A_2^2)v_1^2/2A_2^2$. Assim, a pressão no ponto de estrangulamento (p_2) é inferior a p_1. Venturi foi o primeiro a observar que, nos pontos de estrangulamento, onde a velocidade de escoamento é maior, a pressão é menor.

Sendo h a diferença de altura do fluido nos pontos 1(3) e 2 em manômetros inseridos no tubo, temos $p_1 - p_2 = \rho gh$. Assim, medindo a diferença de altura h podemos determinar a vazão Φ:

$$\Phi = \rho A_1 A_2 \left[\frac{2gh}{A_1^2 - A_2^2} \right]^{1/2}$$

Queremos recordar aqui uma convenção normalmente adotada no traçado de linhas de fluxo: "a velocidade é maior onde elas estão mais próximas entre si".

Além de ser usada para medir vazões, a queda de pressão num estrangulamento é aplicado para produzir vácuo e aspirar fluidos. Baseadas neste princípio, temos as bombas aspirantes (como a trompa d'água), a aspiração de vapor de gasolina num motor de explosão e aspiração de ar utilizado na combustão do gás num bico de Bunsen.

Se colocarmos um anteparo A bem próximo da saída de um tubo de fluxo (Fig. I.26), notaremos que ele é sugado pelo tubo ao invés de ser repelido. Este paradoxo é explicado pelo fenômeno de Venturi: o escoamento de fluido reduz a pressão na região entre o tubo e o anteparo, surgindo uma força resultante $\vec{F}$ sobre A.

B. FÓRMULA DE TORRICELLI

Consideremos um reservatório (visto na Fig. I.27) contendo líquido, em cuja parede lateral há dois pequenos orifícios através dos quais o líquido escoa. De acordo com a equação de Bernouilli (I.3.6), temos

$$\frac{1}{2}v^2 + \frac{p}{\rho} = 0 + \frac{P_{atm}}{\rho}$$

de onde obtem

$$P = P_{atm} - \rho\frac{v^2}{2}$$

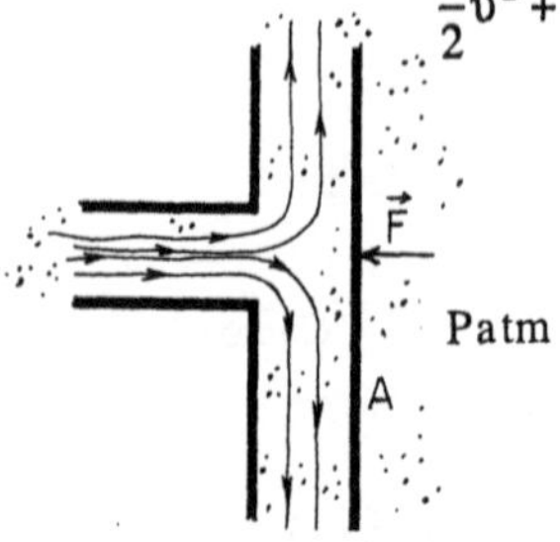

Fig. I.26

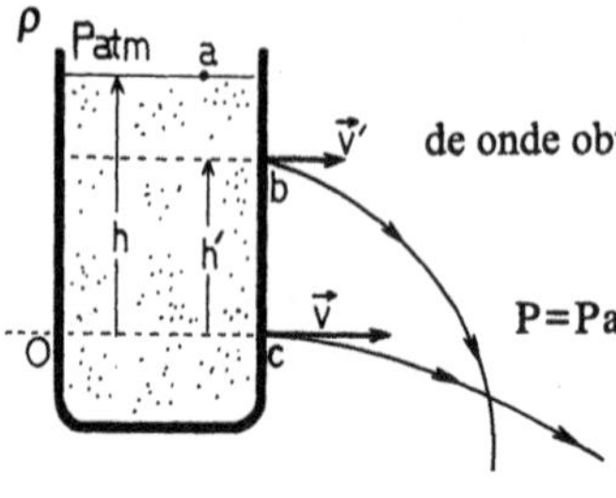

Fig. I.27

$$\frac{1}{2}v_a^2 + \frac{p_a}{\rho} + z_a g = \frac{1}{2}v_b^2 + \frac{p_b}{\rho} + g z_b = \frac{1}{2}v_c^2 + \frac{p_c}{\rho} + g z_c.$$

Lembrando que $p_a = p_b = p_c = p_{\text{atm}}$ e colocando, numa primeira aproximação, que $v_a^2 \cong 0$, temos:

$$gh = \frac{1}{2}v_b^2 + gh' = \frac{1}{2}v_c^2,$$

pois $z_a = h$, $z_b = h'$ e $z_c = 0$. Assim,

$$v = \sqrt{2gh},$$

ou seja, "a velocidade é a mesma que seria atingida por um elemento de volume em queda livre de uma altura h". Esse resultado foi obtido por Torricelli em 1636. De modo análogo, $v' = \sqrt{2g(h-h')} = \sqrt{2gH}$, onde $H = h-h'$ é a diferença de altura entre os pontos a e b.

Através do estudo experimental das parábolas, pode-se facilmente determinar a velocidade inicial do jato e a verificação do teorema de Torricelli: a verificação é satisfatória, os desvios que se observam podem ser atribuídos à resistência do ar. Pode-se verificar que v não depende da densidade do líquido e, também, que se obtém, para a mesma altura h, a mesma parábola, com água ou com mercúrio.

Se procurássemos verificar a equação de Torricelli medindo a vazão $\Phi = vA\rho$, onde A é a área do orifício, veríamos que a vazão observada deveria ser $\Phi \cong 0{,}6vA\rho = v\rho A_c$, onde A_c é a área efetiva de fluxo que sofre uma contração (fenômeno da *vena contracta*).

B.1. Forma da Veia Líquida

Observando o escoamento através do orifício, constata-se que, dependendo do tipo de orifício e da forma do recipiente, a veia líquida se contrai mais, ou menos.

Se o vaso for convexo como no caso (δ) da Fig. I.28, a contração tende a diminuir muito, ao passo que, no caso (γ), ela tende a aumentar e chega a ser da ordem de 0,5. Se for usada uma saída, como no caso (ϵ), com um comprimento cerca de quatro vezes maior do que o diâmetro do orifício, a contração desaparece, desde que h não seja muito grande. Resolvendo a equação de Euler (I.1.1) poderíamos calcular, usando as condições de contorno, exatamente o fator A_c/A. Entretanto, faremos aqui somente um cálculo aproximado na situação de um furo na parede lateral, conforme o caso (α).

Assim (vide Fig. I.29), como o fluido é ejetado na direção horizontal com velocidade $v_x = v$, através de uma área A_c, a quantidade de momento Δp_x emitida em Δt é $\Delta p_x = \Delta m\, v_x = \rho v_x A_c \Delta t\, v_x = \rho v_x^2 A_c \Delta t$. Portanto, a força gerada pelo jato é $F_x = \Delta p_x / \Delta t = \rho v_x^2 A_c = \rho v^2 A_c$. Por outro lado, a força resultante sobre o sistema ao longo do eixo x devido às forças de pressão é $(p - p_{\text{atm}})A$, onde colocamos $p \cong p_{\text{atm}} + g\rho h = p_{\text{atm}} + \rho\, v^2/2$. Essa força deve ser igual a F_x, portanto: $\rho v^2 A_c \cong \rho (v^2/2) A$, donde obtemos $A_c \cong \frac{1}{2} A$.

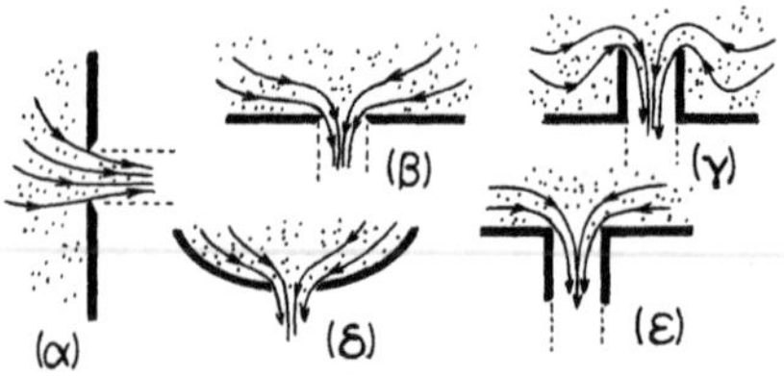

Fig. I.28

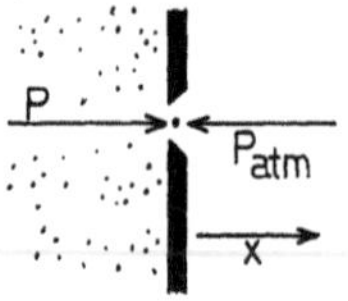

Fig. I.29

C. SIFÃO

Considerando o líquido incompressível e o fluxo irrotacional, podemos usar o teorema de Bernouilli (Eq. I.3.6), relacionando os pontos 0, 1, 2, 3 mostrados na Fig. I.30:

$$\frac{1}{2} v_i^2 + \frac{p_i}{\rho} + z_i g = \text{constante} \quad (i = 1, 2, 3 \text{ e } 0).$$

De acordo com a equação de continuidade (P.3.2), $\rho v_1 A_1 = \rho v_2 A_2 = \rho v_3 A_3$, onde A_i = área da secção do tubo no ponto i. Supondo $A_1 = A_2 = A_3$, decorre $v_1 = v_2 = v_3$. Como $p_0 = p_{\text{atm}} = p_3$, $z_0 = z_1 = 0$, $z_2 = H$ e $z_3 = -h$, teremos:

$$p_{\text{atm}} = \frac{1}{2} \rho v_1^2 + p_1 = \frac{1}{2} \rho v_2^2 + p_2 + \rho g H = \frac{1}{2} \rho v_3^2 + p_{\text{atm}} - \rho g h\,,$$

de onde tiramos $v_3 = \sqrt{2gh}$, de acordo com a **equação de Torricelli**. As pressões p_1 e p_2 são dadas por $p_1 = p_{\text{atm}} - \rho g h$ e $p_2 = p_{\text{atm}} - \rho g (H+h)$.

Em nosso cálculo admitimos que a vazão através do tubo era muito pequena de tal modo que $v_0 \cong 0$. Quando essa condição não está satisfeita, o problema não é estacionário e é muito difícil de ser resolvido, analiticamente, no caso mais geral (vide, por exemplo, o livro de M. Rauscher, págs. 138–143). Numa primeira aproximação, se v_0 não é muito grande, podemos colocar:

$$v_3 \cong \sqrt{v_0^2+2gh} = \left[\left(\frac{dh}{dt}\right)^2 + 2gh(t)\right]^{1/2} .$$

D. ESCOAMENTO SOBRE BARRAGEM

Suporemos também nesse caso, que

$$\nabla\cdot\vec{v} = \nabla \times \vec{v} = 0.$$

Assim, de acordo com o teorema de Bernouille:

$$\frac{p(x,z)}{\rho} + \frac{\vec{v}^2(x,z)}{2} + gz = \text{constante}.$$

Sobre a superfície livre do líquido, mostrada na Fig. I.31, que está em contacto com o ar temos $p(x,z) = p_{\text{atm}}$. Daí,

$$\frac{\vec{v}_1^2}{2} + z_1 g = \frac{\vec{v}_2^2}{2} + z_2 g = \frac{\vec{v}_3^2}{2} + z_3 g .$$

Como $z_1 = h$, $z_2 = h-\delta_2$ e $z_3 = h-\delta_3$ e $v_1 \cong 0$, obtemos

$$h = \frac{1}{2}\frac{\vec{v}_2^2}{g} + (h-\delta_2) = \frac{1}{2g}\vec{v}_3^2 + (h-\delta_3),$$

que dá

$$v_2 = \sqrt{2g\delta_2} \qquad \text{e} \qquad v_3 = \sqrt{2g\delta_3} .$$

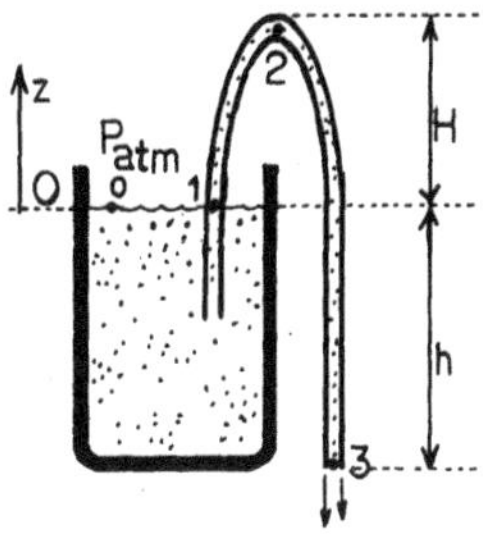

Fig. I.30

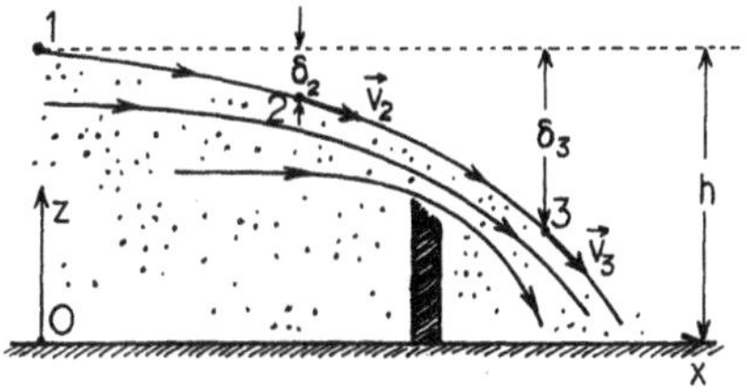

Fig. I.31

Portanto, fotografando o escoamento medimos δ_2 e δ_3 e, consequentemente, determinamos as velocidades v_2 e v_3.

E. FORÇA SOBRE TUBULAÇÃO CURVA

A velocidade do fluido na secção 1 é suposta constante e igual a $\vec{v}_1$; e, na secção 2, também constante ao longo da secção, e igual a $\vec{v}_2$. O tubo da Fig. I.32 é envolvido por uma superfície $S = S_1+S_2+S_3$, onde S_3 é a superfície lateral, e tem volume V. As áreas de S_1 e S_2 são $\vec{A}_1 = A_1\,\vec{n}_1$ e $\vec{A}_2 = A_2\,\vec{n}_2$, respectivamente. Os versores $\vec{n}$ são normais a S_1 e S_2 e orientados para fora do volume.

Para calcularmos a força $\vec{F}$ sobre a tubulação vamos usar a Eq. (I.4.1):

$$F_i = -\oint_{(S)} \Pi_{ik}\, dA_k - \int_{(V)} \frac{\partial\phi}{\partial x_i}\rho dv\,,$$

onde o tensor $\Pi_{ik} = p\delta_{ik}+\rho v_i v_k$. Se os efeitos do campo ϕ forem desprezíveis, ficamos somente com as contribuições de Π_{ik} ao longo de S_1, S_2 e S_3:

$$F_i = -\int_{(S_1)} \Pi_{ik}\, dA_k - \int_{(S_2)} \Pi_{ik}\, dA_k - \int_{(S_3)} \Pi_{ik}\, dA_k\,.$$

Como os efeitos da pressão se equilibram sobre (S_3) e os elementos de área de (S_3) são ortogonais a $\vec{v}$ sobre a referida superfície, a integral

$$\int_{(S_3)} \Pi_{ik}\, dA_k = 0.$$

Calculemos as integrais em S_1 e S_2:

$$\int_{(S_1)} \Pi_{ik}\, dA_k = p_1 A_{1i} + \rho v_i v_k A_{1k} = p_1 A_{1i} + \rho v_i^2 A_{1i};$$

e, do mesmo modo

$$\int_{(S_2)} \Pi_{ik}\, dA_k = p_2 A_{2i} + \rho v_2^2 A_{2i};$$

pois $\vec{v}_i$ é paralela a $\vec{A}_i$ e as pressões p_i são supostas também constantes em S_i.

Portanto, as forças $\vec{F}_1$ e $\vec{F}_2$ são dadas por:

$$\vec{F}_1 = -(p_1+\rho v_1^2)\vec{A}_1 \qquad \text{e} \qquad \vec{F}_2 = -(p_2+\rho v_2^2)\vec{A}_2 \, .$$

Essas componentes e a resultante $\vec{F} = \vec{F}_1+\vec{F}_2$ estão desenhadas na figura no começo desse parágrafo. Admitimos que o fluido fosse incompressível.

F. EXPANSÃO BRUSCA EM TUBULAÇÃO

Devido à descontinuidade das secções 1 e 2 dos tubos que, vistos na Fig. I.33, possuem áreas A_1 e A_2, respectivamente, não podemos aplicar Bernouilli. Utilizando a conservação do fluxo de momento através do volume V, indicado pelo pontilhado na figura, temos: $(\rho v_1^2+p_1)A_1 = (\rho v_2^2+p_2)A_2$ (o cálculo é análogo ao da Sec. E). Como $\rho =$ constante, $\rho v_1 A_1 = \rho v_2 A_2$; substituindo essa equação na de cima, obtemos: $\rho v_2^2 A_2 - \rho v_1^2 A_1 = (P_1 - P_2)A_2$

$$\text{Assim,} \qquad P_2 - P_1 = \rho v_2 (v_1 - v_2)$$

que mostra o aumento de pressão quando o fluido passa de 1 para 2.

Se o tubo aumentasse continuamente de diâmetro do ponto 1 ao 2, poderíamos usar a equação de Bernouilli (I.3.6), e teríamos: $P_2' + \frac{\rho}{2} v_2^2 = P_1 + \frac{\rho}{2} v_1^2$

$$\text{Assim,} \qquad p_2' - p_1 = \frac{\rho}{2}(v_1^2 - v_2^2)$$

Portanto,

$$p_2' - p_2 = p_2' - p_1 - (p_2 - p_1) = \frac{\rho}{2}(v_1 - v_2)^2 > 0,$$

ou seja, quando há uma expansão brusca numa tubulação, a pressão p_2 que surge é menor do que a que apareceria se a expansão fosse lenta.

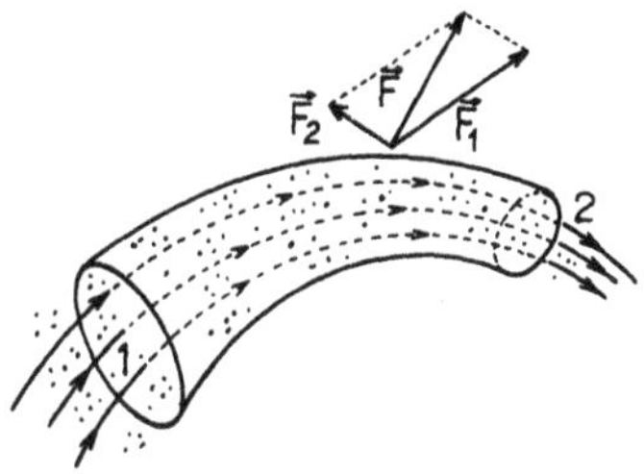

Fig. I.32

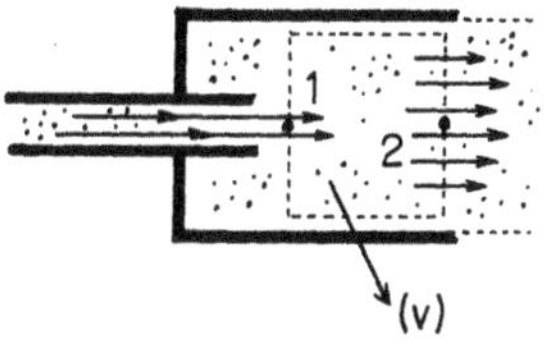

FIG. I.33

G. TUBO DE PITOT EM FLUIDO COMPRESSÍVEL

O tubo de Pitot (mostrado esquematicamente na Fig. I.34) é um dispositivo usado para medir velocidades de escoamento de fluidos. Ele tem, esquematicamente, a forma de um corpo aerodinâmico (achurado) acoplado a um manômetro diferencial de pressões com um líquido de densidade ρ_0 no tubo em forma de U.

Sejam ρ e $\vec{v}$ a densidade e a velocidade do fluido incidente sobre o dispositivo de Pitot. No ponto 2, denominado **ponto de estagnação**, a velocidade $\vec{v}_2 = 0$ e a pressão é máxima. Nas vizinhanças do ponto 1, o fluido volta a ter $\vec{v}_1 = \vec{v}$, e aí temos a pressão p_1. Se o fluido fosse incompressível, teríamos, segundo a equação de Bernouilli: $\vec{v}_2^2/2 + p_2/\rho = \vec{v}_1^2/2 + p_1/\rho$, de onde obtemos a velocidade v através da igualdade $v = \sqrt{2\rho_0 gh/\rho}$, pois $p_2 - p_1 = \rho_0 gh$.

Entretanto, quando a velocidade do fluido é da ordem da velocidade do som no referido fluido, não podemos considerar o fluido como incompressível. Nessas condições, precisamos usar a equação de Bernouilli generalizada (I.3.4):

$$\frac{1}{2}\vec{v}_2^2 - \frac{1}{2}\vec{v}_1^2 = -\int_1^2 \frac{dp}{\rho},$$

onde supusemos fluxo estacionário, ou seja, impuzemos

$$\frac{\partial \phi}{\partial t} = \frac{\partial P}{\partial t} = 0$$

e desprezamos efeitos gravitacionais.

Faremos um estudo do escoamento de um gás ideal. Como sabemos, a equação de estado do mesmo num processo adiabático é dada por $p/\rho^\gamma =$ = constante, onde $\gamma = C_p/C_v$. Assim,

$$\frac{1}{2}\vec{v}_2^2 - \frac{1}{2}\vec{v}_1^2 = -\frac{\gamma}{\gamma-1}\frac{p_1}{\rho_1}\left[\left[\frac{p_2}{p_1}\right]^{(\gamma-1)/\gamma} - 1\right].$$

Como $v_2 = 0$, obtemos, lembrando que $v_1 = v$, $\rho_1 = \rho$ e $p_1 = p$:

$$v = \sqrt{\frac{2\gamma}{\gamma-1}\frac{p}{\rho}\left[\left[\frac{p_2}{p}\right]^{(\gamma-1)/\gamma} - 1\right]}.$$

Se p_2-p for pequena comparada com p podemos expandir em série a razão $(p_2/p)^{(\gamma-1/\gamma)}$:

$$\left[\frac{p_2}{p}\right]^{(\gamma-1)/\gamma} = \left[\frac{p+(p_2-p)}{p}\right]^{(\gamma-1)/\gamma} \simeq 1 + \frac{\gamma-1}{\gamma}\left[\frac{p_2-p}{p}\right] - \frac{\gamma-1}{\gamma^2}\left[\frac{p_2-p}{p}\right]^2 + \cdots .$$

Então,

$$\frac{\gamma-1}{\gamma}\frac{\rho v^2}{p} \simeq \frac{\gamma-1}{\gamma}\left[\frac{p_2-p}{p}\right] - \frac{\gamma-1}{2\gamma^2}\left[\frac{p_2-p}{p}\right]^2 + \cdots ,$$

ou

$$v^2 \simeq 2\left[\frac{p_2-p}{\rho}\right] - \frac{(p_2-p)^2}{2\gamma p} + \cdots ,$$

que dá

$$v \simeq \left[2\,\frac{(p_2-p)}{\rho}\left[1-\frac{p_2-p}{2\gamma p}\right]\right]^{1/2} .$$

Como a velocidade do som c é dada por $c = \sqrt{\gamma p/\rho}$, obtemos o seguinte:

$$v \simeq v_0\left[1 - \frac{\rho_0 g h}{c^2\rho}\right]^{1/2} = v_0\left[1 - \frac{1}{4}\left[\frac{v_0}{c}\right]^2\right]^{1/2} ,$$

onde fizemos $p_2-p = \rho_0 g h$ e $v_0 = \sqrt{2\rho_0 g h/\rho}$.

A razão $v/c \equiv M$ é chamada de **número de Mach**. Quando $M \ll 1$, $v \simeq v_0$, o fluido pode ser considerado incompressível. Quando $M \gtrsim 1$, a compressibilidade deve ser levada em conta. Para o escoamento no ar à temperatura $\sim 20^\circ$C, temos $C \simeq 340$m/s e $M \simeq 1$.

H. ROTAÇÃO DE FLUIDO EM UM CILINDRO

Vamos estudar o movimento de um fluido contido em um cilindro (Fig. I.35) que gira com velocidade angular $\vec{\Omega} = \Omega\vec{k}$, constante, em torno do eixo z. O líquido está submetido a um campo gravitacional constante e a uma pressão externa uniforme P_{atm}.

Supondo que o líquido se comprima, aderindo às paredes do recipiente, ele passa a girar como um sólido no caso estacionário. Isto é, o campo de velocidades é dado por: $\vec{v}(\vec{r}) = \vec{\Omega} \times \vec{r} = -\Omega y\vec{i} + \Omega x\vec{j}$.

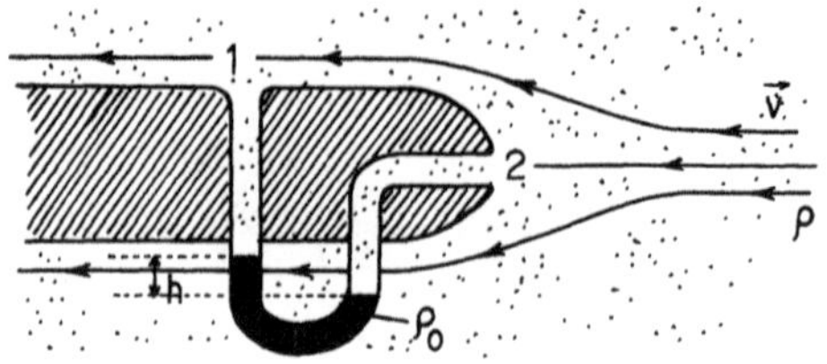

Fig. I.34

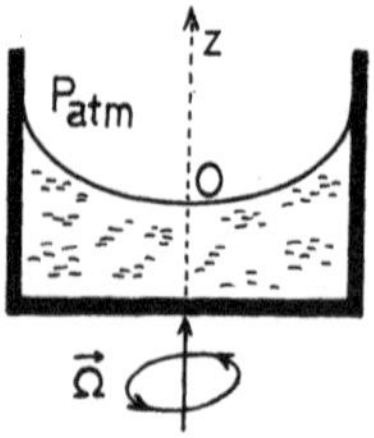

Fig. I.35

Assim, de acordo com a equação de Euler (I.1.1): $(\vec{v}\cdot\nabla)\vec{v} = -\nabla p/\rho - g\vec{k}$, ou, mais explicitamente,

$$\left[v_x \frac{\partial}{\partial x} + v_y \frac{\partial}{\partial y}\right]\vec{v} = -\frac{\nabla p}{\rho} - g\vec{k}.$$

Decompondo esta equação em x, y e z:

$$\begin{cases} v_y \dfrac{\partial}{\partial y}(v_x) = -\dfrac{1}{\rho}\dfrac{\partial p}{\partial x} = -\Omega^2 x\,; & \text{(a)} \\[2ex] v_x \dfrac{\partial}{\partial x}(v_y) = -\dfrac{1}{\rho}\dfrac{\partial p}{\partial y} = -\Omega^2 y\,; & \text{(b)} \\[2ex] 0 = -\dfrac{1}{\rho}\dfrac{\partial p}{\partial z} - g\,. & \text{(c)} \end{cases}$$

Da equação (c) tiramos $p(x,y,z) = -\rho g z + f(x,y)$; da (a), $p(x,y,z) = \rho\Omega^2 x^2/2 + g(y,z)$; e, da (b), $p(x,y,z) = \rho\Omega^2 y^2/2 + h(x,y)$. Essas três relações para a pressão $p(x,y,z)$ são compatíveis se $p(x,y,z) = \rho\Omega^2(x^2+y^2)/2 - g\rho z + C$, que pode ser verificado imediatamente por inspeção.

Calculemos a forma da superfície livre do líquido, onde vale $p(x,y,z) = p_{atm}$:

$$\rho\Omega^2(x^2+y^2)/2 - \rho g z = -\text{K}' = \text{constante}$$

de onde concluímos que a superfície $z(x,y)$ tem a seguinte equação:

$$z = z(x,y) = \frac{\Omega^2(x^2+y^2)}{2g} + K.$$

Tomando a origem do sistema de coordenadas de tal modo que, para $x = y = 0$ tenhamos $z = 0$, teremos $z(x,y) = \Omega^2(x^2+y^2)/2g$, que é um parabolóide de revolução (Fig. I.36). O fluxo é rotacional, pois

$$\vec{\omega} = \frac{1}{2}(\nabla \times \vec{v}) = \Omega\vec{k} \neq 0.$$

Como era de se esperar, os elementos de volume giram com velocidade angular intrínseca $\vec{\omega} = \vec{\Omega}$. O fluido se comporta como um sólido (Fig. I.37).

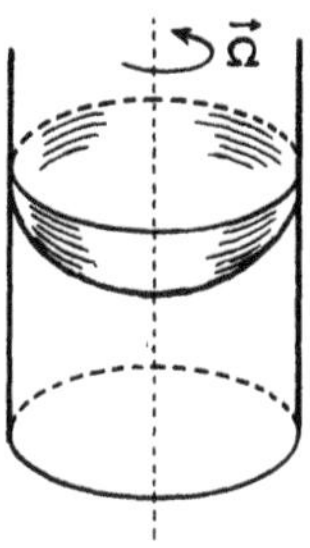

Fig. I.36

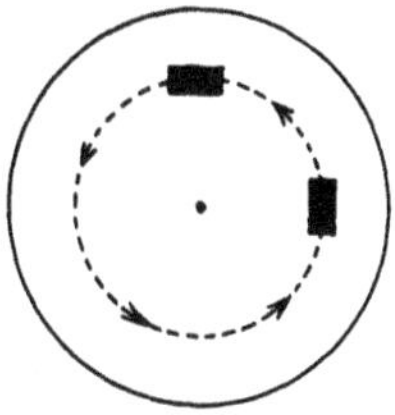

Fig. I.37

I. FLUXO EM TORNADOS E EM RALOS DE PIAS

Observando os tornados e os escoamentos em ralos de pias notamos que há um movimento de rotação em torno do eixo z (Fig. I.38). Num tornado, as linhas de correntes podem ser consideradas, no plano (x,y), como círculos concêntricos à origem (Fig. I.39). Num escoamento através de um ralo de pia, isso também pode ser considerado válido, pelo menos em primeira aproximação, se a vazão do líquido através do ralo for pequena. A rigor, num movimento desse tipo, as partículas descrevem espirais descendentes.

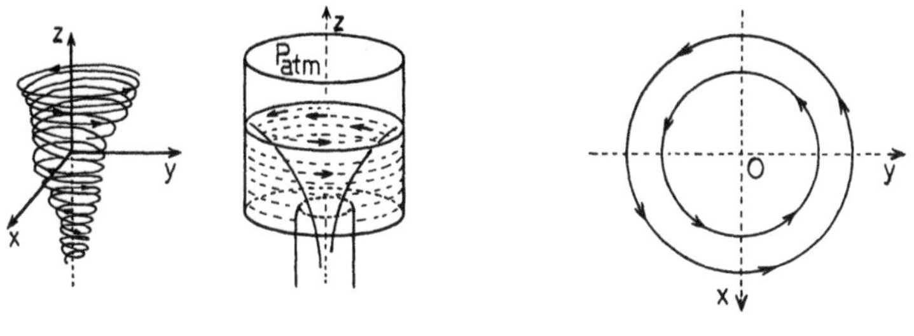

Figs. I.38 e I.39

Bem, admitindo que as linhas de fluxo sejam circunferências no plano (x,y), teremos $\psi(x,y) = \psi(r)$. Portanto, de acordo com a Eq. (P.7.2), teremos $\nabla^2\psi = 2\omega$, ou seja,

$$\nabla^2\psi(r) = \frac{\partial^2\psi}{\partial r^2} + \frac{1}{r}\frac{\partial\psi}{\partial r} = 2\omega(r).$$

Como não sabemos, **a priori**, o valor de $\omega(r)$, vamos admitir que $\omega(r) = 0$ e ver o que obtemos. Ora, de

$$\frac{\partial^2 \psi}{\partial r^2} + \frac{1}{r}\frac{\partial \psi}{\partial r} = 0$$

conseguimos a solução $\psi(r) = a - b\ln r$, que é exatamente um vórtice na origem, conforme a Eq. (P.7.9). Colocando, sem perda de generalidade,

$$\psi(r) = \frac{\Gamma}{2\pi}\ln r\,,$$

teremos

$$v = v_\theta(r) = -\frac{\partial \psi}{\partial r} = -\frac{\Gamma}{2\pi r}\,.$$

Para calcular a superfície livre do líquido podemos usar a equação de Bernouilli e impor que $p(x,y,z) = p_{\text{atm}}$:

$$\frac{p_{\text{atm}}}{\rho} + \frac{v^2}{2} - gz = \text{constante},$$

que dá a função $z = z(x,y) = z(r) = A - B/r^2$, onde $B = (\Gamma/2\pi)^2/2g$ Escolhendo a origem do eixo z conforme a Fig. I.40, temos $r \to \infty$ quando $z = 0$, donde tiramos $A=0$. Desse modo, ficamos com $z = -B/r^2$ ou $r = \sqrt{B/|z|}$. Assim,quando $|z| \to \infty$ os raios dos círculos tendem a zero. Há um afunilamento da superfície livre à medida que $|z|$ cresce. Observando as propriedades dos escoamentos em pias (superfície livre, irrotacionalidade, etc), podemos concluir que eles são bem descritos através de $\psi(r)$, obtida impondo–se $\omega = 0$.

No caso de um tornado (Fig. I.41) não aparece uma superfície livre como em um líquido. Devido ao gradiente de pressões gerado pelo fluido em rotação, $p_1 - p_2 = -\rho(v_1^2 - v_2^2)/2 = \rho v_2^2[(r_1/r_2)^2 - 1]/2$, pois $v_1/r_1 = v_2/r_2 =$ constante, a pressão do ar nas regiões centrais é muito mais baixa do que nas partes externas. Isso

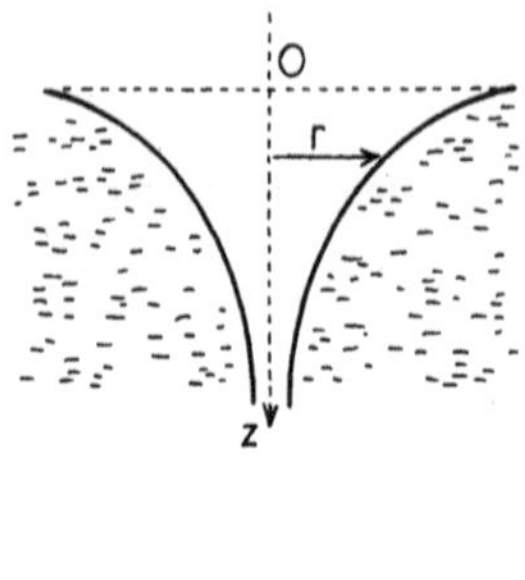

Fig. I.40

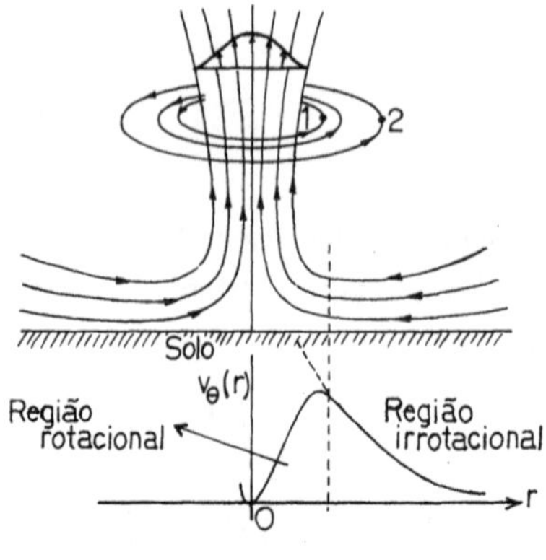

Fig. I.41

provoca uma aspiração de ar em direção ao olho do tornado (vide figura e mais detalhes no livro de W. M. Swanson). O fluxo no centro se torna rotacional caso contrário apareceriam velocidades infinitas e pressões negativas infinitas. Aí a viscosidade se faz sentir, devido aos enormes gradientes de velocidade; a $v_\phi(r)$ tende a infinito quando $r \to 0$. O ar penetra no olho do tornado por baixo e sobe devido aos gradientes de pressão.

A força destrutiva de um tornado é consequência de altas velocidades de rotação do ar e das grandes diferenças de pressão, levantando objetos do solo (casas, carros, etc) e provocando implosões em casas.

J. CAVIDADE ESFÉRICA EM FLUIDO INCOMPRESSÍVEL

Suponhamos que, num fluido incompressível que ocupa todo o espaço, apareça um buraco esférico de raio a (Fig. I.42). Calculemos o tempo necessário para que o fluido preencha a referida cavidade de raio a.

Por simetria, o fluido terá somente velocidade radial $\vec{v}(r) = v_r(r)\hat{r}_0$. Assim, a equação de Euler (I.1.1), levando em conta a simetria radial e que temos um movimento não–estacionário, se torna:

$$\frac{\partial v(r,t)}{\partial t} + v(r,t)\,\frac{\partial v(r,t)}{\partial r} = -\frac{1}{\rho}\,\frac{\partial p(r,t)}{\partial r}\,,$$

onde pusemos $v_r(r,t) = v(r,t)$, simplesmente, e desprezamos os efeitos gravitacionais.

Como o fluido tem $\rho =$ constante, o fluxo de massa $4\pi r^2(t)v(r,t)\rho$ através de esferas concêntricas com centro em O não deve depender de r. Assim, o produto $r^2 v$ depende somente do tempo t, $r^2(t)v(r,t) \equiv F(t)$.

Substitutindo essa condição na equação de Euler radial, decorre:

$$\frac{\dot{F}(t)}{r^2} + v\,\frac{\partial v}{\partial r} = -\left(\frac{1}{\rho}\right)\frac{\partial p}{\partial r}\,.$$

Integrando essa equação em r de ∞ até $r = R(t)$ obtemos, $-\dot{F}(t)/R(t) + V^2(t)/2 = p_\infty/\rho$, onde impusemos que $p(r = \infty, t) = p_\infty =$ constante, $p(r = R(t),t) = 0$, $V(t) = v(r(t)) = dR/dt$ e $V(r = \infty, t) = V_\infty = 0$.

Como na superfície da cavidade vale $V(t)R^2(t) = F(t)$, decorre $\dot{F}(t) = \dot{V}R^2 + 2V^2R$. Substituindo essa igualdade em $-\dot{F}/R + V^2/2 = p_\infty/\rho$, teremos $-3V^2/2 - \dot{V}R = p_\infty/\rho$. Porém,

$$\dot{V} R = \frac{dV}{dt} R = \frac{dV}{dR}\frac{dR}{dt} R = \frac{1}{2} R \frac{d}{dR}(V^2).$$

Assim, ficamos com a seguinte equação diferencial:

$$\frac{p_\infty}{\rho} = -\frac{3V^2}{2} - \frac{R}{2}\frac{dV^2}{dR}.$$

Daí, separando as variáveis $-2dR/R = dV^2/(p_\infty/\rho + 3V^2/2)$ e integrando:

$$-2 \ln R \Big|_a^R = \frac{2}{3} \ln \left[\frac{p_\infty}{\rho} + \frac{3}{2} V^2\right] \Big|_0^{V^2}.$$

Ou seja,

$$\ln \left[\frac{a}{R}\right]^2 = \frac{2}{3} \ln \left[\frac{\rho}{p_\infty}\left[\frac{p_\infty}{\rho} + \frac{3}{2} V^2\right]\right],$$

de onde extraímos:

$$V(t) = \frac{dR}{dt} = -\left\{\frac{2p_\infty}{3\rho}\left[\left[\frac{a}{R}\right]^3 - 1\right]\right\}^{1/2}$$

Integrando de $t = 0$ até $t = \tau$, onde τ é o **tempo de vida** da cavidade, resulta:

$$\int_0^\tau dt = \tau = -\int_0^a dR \frac{\left[\frac{3}{2}\frac{\rho}{p_\infty}\right]^{1/2}}{\{(\frac{a}{R})^3 - 1\}^{1/2}} = \left[\frac{3a^2\rho\pi}{2p_\infty}\right]^{1/2} \frac{\Gamma(5/6)}{\Gamma(4/3)}.$$

Ou, mais explicitamente,

$$\tau = 0{,}915 a \sqrt{\frac{\rho}{p_\infty}}.$$

Na integral no tempo, usamos a função beta:

$$\int_0^1 dx\, x^\alpha (1 - x^\lambda)^\beta = B(\tfrac{\alpha+1}{\lambda}, \beta+1)/\lambda,$$

com

$$\alpha = 3/2,\ \lambda = 3 \ \text{e}\ \beta = -1/2 \ \text{e}\ B(a,b) = \Gamma(a)\Gamma(b)/\Gamma(a+b).$$

Esse problema foi resolvido por Lord Rayleigh em 1917.

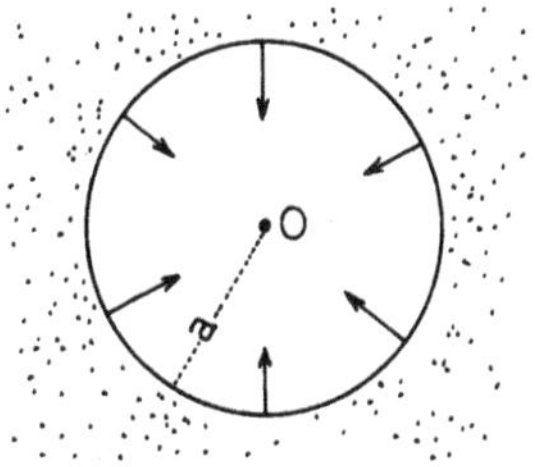

Fig. I.42

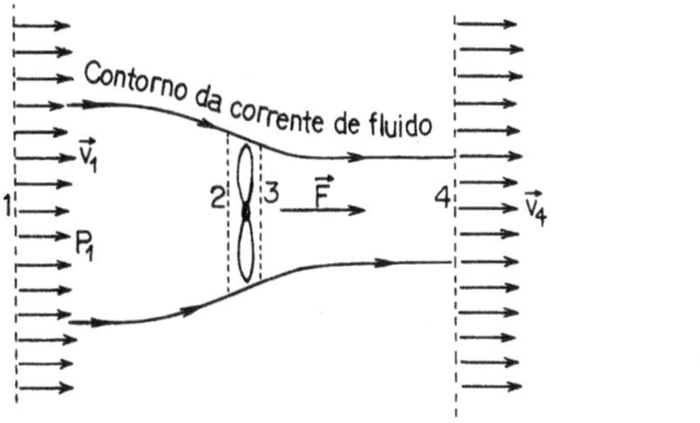

Fig. I.43

K. PROPULSÃO A HÉLICE

As pás de uma hélice, ao girarem em torno de um eixo, alteram a quantidade de movimento de um fluido no qual estão submersas, dando origem a uma força de propulsão. Devido ao formato das pás, estas forçam o movimento do fluido entre elas durante a rotação da hélice. Na Fig. I.43, mostramos uma hélice e a corrente de fluido que ela gera. O escoamento é não–perturbado na secção 1, mas é acelerado à medida que se aproxima da hélice, devido à queda na pressão em $1 \to 2$. Ao passar pela região (2,3) há um aumento de pressão do fluido, que é acelerado com uma conseqüente redução da secção em 4. A pressão em 1 e 4, como em todo o contorno da corrente será tomada, aproximadamente, como a do fluido não–perturbado (p_1). Nas proximidades da hélice, o escoamento é muito turbulento. Entretanto, admitiremos que a turbulência está confinada à região (2,3). Além disso, a velocidade do fluido nessa região, suposta estreita e com secção de área A, seja igual a um certo valor constante v. Assim, $v_2 = v_3 = v$.

Usando a Eq. (I.4.1):

$$F_i = \oint_{(S)} \Pi_{ik}\, dA_k ,$$

desprezando

$$\int_{(V)} \rho \frac{\partial \phi}{\partial x_i}\, dV ,$$

onde o tensor $\Pi_{ik} = p\, \delta_k + \rho\, v_i v_k$ e a superfície (S) é a do contorno do tubo de fluxo. Como a pressão $p(\vec{r})$ é constante ao longo de (S), vemos que

$$\oint_{(S)} p\, \delta_{ik}\, dA_k = 0.$$

Além disso, a velocidade do escoamento nas superfícies laterais do tubo são perpendiculares a $d\vec{A}$ nas referidas superfícies. Portanto, somente vão aparecer contribuições de fluxos nas secções 1 e 4, onde temos $d\vec{A}_1 = dA\,\vec{i}$ e $d\vec{A}_4 = dA\,\vec{i}$. Como era de se esperar, só aparece uma força ao longo do eixo x (exercida pela hélice sobre o fluido:

$$F_x = -\rho\, v_1^2 A_1 + \rho\, v_4^2 A_4 = \rho(v_4^2 A_4 - v_1^2 A_1).$$

Pela equação de continuidade (P.3.2), supondo $\rho =$ constante, temos $\rho\, v_1 A_1 = \rho\, v_4 A_4 = \rho\, vA$, donde $F_x = \rho\, vA(v_4 - v_1)$. Por outro lado, devemos esperar que $F_x = (p_3 - p_2)A$, o que daria

$$p_3 - p_2 = v(v_4 - v_1)\rho. \tag{K.1}$$

Usando Eq. (I.3.6) entre 1 e 2, 3 e 4, obtemos $p_1 - p_2 = \rho(v^2 - v_1^2)/2$ e $p_3 - p_4 = \rho(v_4^2 - v^2)/2$. Daí, $p_3 - p_2 = \rho(v_4^2 - v_1^2)/2$. Eliminando $p_3 - p_2$, entre esta última igualdade e a Eq. (K.1), vista acima, deduzimos $v = (v_1 + v_4)/2$.

A hélice, ao girar, cria um jato de fluido e, com isso, um empuxo, que é a força de propulsão. Por essa razão, a hélice é uma forma de propulsão a jato. Em **motores a jato**, o ar inicialmente em repouso é admitido no motor e queimado com uma pequena porção de combustível. Os gases são expelidos com muito maior velocidade que no escoamento de fluido gerado pela hélice. No caso da turbina a jato também temos $F_x \cong \rho\, vA(v_4 - v_1)$.

L. JATO SOBRE PLACA FIXA INCLINADA

Um fluido incompressível é despejado por uma fenda longa e atinge a placa lisa e inclinada, mostrada na Fig. I.44. Como nas secções 1, 2 e 3 as pressões são iguais à pressão atmosférica, as velocidades nesses pontos são $v_2 = v_3 = v_1$ (conseqüência da equação de Bernouilli, desprezando a gravidade). De acordo com a Eq. (I.4.1):

$$\vec{F}=\oint_{(S)} p d\vec{A}+\oint_{(S)} \rho\, v\, \vec{v}\cdot d\vec{A}\,,$$

onde (S) é a superfície do volume de controle pontilhado na figura. Escolhendo o eixo y ao longo da placa e o eixo x perpendicular à placa e, lembrando que $\oint p d\vec{A}=0$, teremos:

$$\vec{F}=-\rho\,\vec{v}_1 v_1 A_1+\rho\,\vec{v}_2 v_2 A_2+\rho\,\vec{v}_3 v_3 \vec{A}_3\,,$$

$$=-\Phi_1 v_1(\cos\theta\vec{j}+\text{sen}\,\theta\vec{i})+\Phi_2 v_2\vec{j}-\Phi_3 v_3\vec{j}$$

onde $\Phi_i=\rho v_i A_i$. Como não deve haver força resultante ao longo do eixo y, decorre:

$$F_y=0=-\Phi_1 v_1\cos\theta+(\Phi_2-\Phi_3)v_1,$$

que dá $\Phi_2-\Phi_3=\Phi_1\cos\theta$. Pela equação da continuidade obtemos $\Phi_1=\Phi_2+\Phi_3$. Dessas duas equações temos $\Phi_2=\Phi_1(1+\cos\theta)/2$ e $\Phi_3=\Phi_1(1-\cos\theta)/2$.

A força resultante sobre a placa será ao longo do eixo x, ou seja, deverá ser normal à mesma:

$$F_x=\Phi_1 v_1\,\text{sen}\,\theta.$$

Como o fluxo de massa $\Phi_i=\rho v_i A_i=\rho v_1 A_i$, podemos determinar as áreas das secções:

$$A_2=A_1(1+\cos\theta)/2 \qquad \text{e} \qquad A_3=A_1(1-\cos\theta)/2.$$

O momento resultante sobre a placa devido às forças $\vec{F}_1$, $\vec{F}_2$ e $\vec{F}_3$ é, em relação à origem O:

$$M_z=F_2\frac{l_2}{2}-F_3\frac{l_3}{2}=\frac{1}{2}\rho v_1^2 L(l_2^2-l_3^2),$$

pois

$$F_2=\rho\, v_2^2\, A_2=\rho\, v_1^2\, l_2\, L \qquad \text{e} \qquad F_3=\rho\, v_3^2\, A_3=\rho\, v_1^2\, l_3\, L.$$

M. ESFERA COM VELOCIDADE $\vec{V}(t)$ NUM FLUIDO EM REPOUSO

Vamos estudar o fluxo devido ao movimento de uma esfera de acordo com a Fig. I.45, com velocidade $\vec{V}=\vec{V}(t)$ em um fluido incompressível e irrotacional. O raio da esfera é a. Como $\nabla\cdot\vec{v}=0$ e $\nabla\times\vec{v}=0$ decorre, de acordo com as Eqs. (P.7.5): $\nabla^2\varphi(\vec{r},t)=\nabla^2\psi(\vec{r},t)=0$.

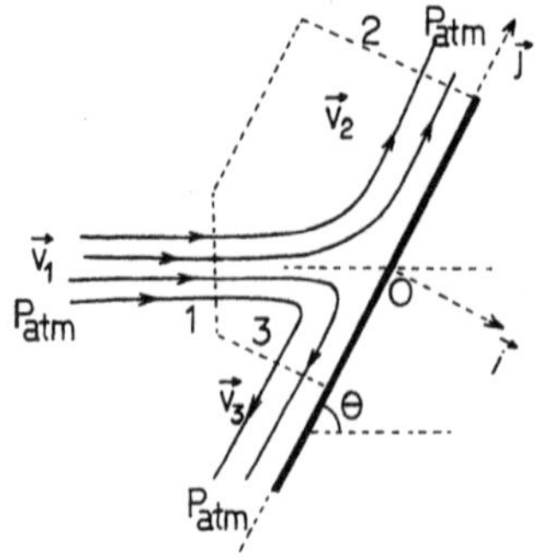

Fig. I.44

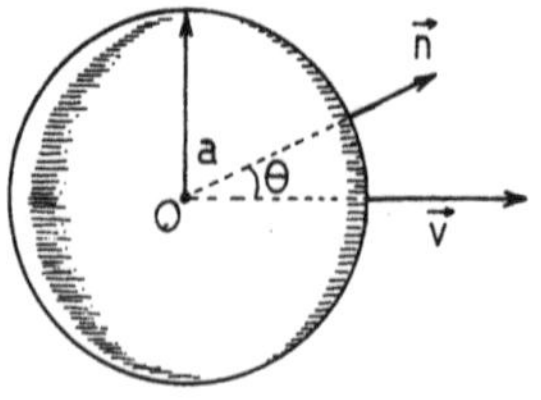

Fig. I.45

Se a fenda tem comprimento L as espessuras dos fluxos serão l_1, l_2 e l_3, tais que, $A_1 = L\, l_1$, $A_2 = L\, l_2$ e $A_3 = L\, l_3$.

Resolvendo, por exemplo, $\nabla^2\varphi(\vec{r},t) = 0$ em coordenadas polares esféricas, segue–se:

$$\varphi(r,\theta,\varphi) = \sum_{lm} r^l B_{lm} Y_{lm}(\theta,\phi) + \sum_{lm} r^{-(l+1)} A_{lm} Y_{lm}(\theta,\phi)$$

no caso geral.

As condições de contorno são as seguintes:

$$\begin{cases} (1)\ \lim\limits_{r\to\infty} \vec{v}(r,\theta,\phi) = 0, \\ (2)\ v_n(r=a,\theta,\phi) = v_r(r=a,\theta,\phi) = V\cos\theta. \end{cases}$$

Usando a relação (1) verificamos que $B_{lm} = 0$ ($\forall\ l,m$). Para aplicarmos a Eq. (2), temos de calcular $v_r = (\partial\varphi/\partial r)$. Ora,

$$\varphi(r,\theta,\phi) = \frac{A_{00}}{r} + \sum_{m=-1} A_{1m}\frac{Y_{1m}}{r^2} + \sum_{m=-2} A_{2m}\frac{Y_{2m}}{r^3} + \cdots .$$

Assim, $v_r(r=a,\theta,\phi) = (\partial\varphi/\partial r)_{r=a}$ é

$$\left[\frac{\partial\varphi}{\partial r}\right]_{r=a} = V\cos\theta =$$

$$= -\frac{A_{00}}{a^2} - \frac{2}{a^3} A_{10}\cos\theta - \frac{2}{a^3}\left(A_{1\text{-}1}\,\mathrm{sen}\,\theta\, e^{-i\phi} + A_{11}\,\mathrm{sen}\,\theta\, e^{i\phi}\right) + \cdots .$$

Isso implica que somente o coeficiente A_{10} é diferente de zero e ele deve ser igual a $-Va^3/2$. Logo, a função potencial é dada por

$$\varphi(r,\theta,\phi,t) = \frac{V(t)\,a^3}{2}\frac{\cos\theta}{r^2}.$$

O campo de velocidades $\vec{v}(\vec{r},t)=\nabla\varphi$ tem a seguinte expressão, omitindo-se t,

$$\vec{v}(\vec{r},0) = -\frac{Va^3}{2}\nabla\left[\frac{\cos\theta}{r^2}\right] = -\frac{a^3}{2}\nabla\left[\frac{\vec{V}\cdot\vec{r}}{r}\right] = \frac{a^3}{2r^3}\left[3\vec{r}\,\frac{\vec{V}\cdot\vec{r}}{r^2} - \vec{V}\right],$$

que é un campo de velocidades com simetria **dipolar**. Sobre a esfera ($r=a$) o campo $\vec{v}(a,\theta)$ fica

$$\vec{v}(a,\theta) = \frac{V}{2}\left[3\vec{n}\cos\theta - \vec{i}\right]$$

Desse modo, quando $\theta = 0 \Longrightarrow \vec{v} = \vec{V}$, $\theta = \pi \Longrightarrow \vec{v} = \vec{V}$:

$$\theta = \frac{\pi}{2} \Longrightarrow \vec{v} = -\frac{\vec{V}}{2} \quad \text{e} \quad \theta = \frac{3\pi}{2} \Longrightarrow \vec{v} = -\frac{\vec{V}}{2}.$$

A Fig. I.46 mostra o campo $\vec{v}$ num dado instante t.

A energia cinética do fluido será dada por:

$$E^{\text{fluido}}_{\text{cinetica}} = \int_{(\text{fluido})} d^3\vec{r}\ \frac{1}{2}\,\rho\vec{v}^2 = \frac{\rho}{2}\left[\frac{Va^3}{2}\right]^2 \int_{(\text{fluido})} d^3\vec{r}\left[\nabla\left[\frac{\cos\theta}{r^2}\right]\right]^2,$$

onde a integral de volume (fluido) indica que temos de integrar em todo o espaço (x,y,z) menos dentro da esfera de raio $r = a$. Assim, devemos considerar, na integral em r, somente valores $r \geq a$.

Assim, levando em conta que $\nabla^2(\cos\theta/r^2) = 0$ e usando o teorema do divergente:

$$E^{\text{fluido}}_{\text{cinetica}} = \frac{\rho}{2}\left[\frac{Va^3}{2}\right]^2 \int_{(r\geq a)} d^3\vec{r}\ \nabla\cdot\left[\frac{\cos\theta}{r^2}\nabla\left[\frac{\cos\theta}{r^2}\right]\right]$$

$$= \frac{\rho}{2}\left[\frac{Va^3}{2}\right]^2 \int_{(r=a)} d\vec{A}\cdot\left[\frac{\cos\theta}{r^2}\nabla\left[\frac{\cos\theta}{r^2}\right]\right].$$

A integral sobre uma esfera com $r\to\infty$ se anula, pois $\vec{v}(r\to\infty,\theta) = 0$. Como o elemento de área $d\vec{A} = -a^2\,d\phi\,d(\cos\theta)\vec{r}/r$ a integral de superfície é dada por:

$$E_{\text{cinetica}}^{\text{fluido}} = -\frac{\rho}{2}\left[\frac{Va^3}{2}\right]^2 a^2 \int_0^{2\pi} d\phi \int_{-1}^{+1} d(\cos\theta)\left[\frac{\cos\theta}{r^2}\frac{\partial}{\partial r}\left[\frac{\cos\theta}{r^2}\right]\right]_{r=a}$$

$$= \frac{1}{4}\left[\frac{4}{3}\pi\rho a^3\right]V^2 \equiv \frac{1}{2}m'V^2 ,$$

onde $m' = \frac{1}{2}(\frac{4}{3}\pi\rho a^3)$ é metade da massa do fluido deslocado pela esfera de raio a.

A energia cinética total do fluido & esfera é dada por

$$E_{\text{cinetica}}^{\text{fluido}} = \frac{1}{2}MV^2 + \frac{1}{2}m'V^2 .$$

Costuma–se representar $M+m'$ por uma massa efetiva $\text{m}_{\text{efetiva}}$. Assim, a energia cinética total do fluido & esfera seria dada por: $E_{\text{cinetica}}^{\text{fluido}} = \frac{1}{2}m_{\text{efetiva}}\vec{V}^2$.

Para calcular o campo de pressões $p(\vec{r},t)$ temos de usar a equação de Bernouilli para fluido irrotacional no caso não–estacionário:

$$\frac{\partial\varphi(\vec{r},t)}{\partial t} + \frac{\vec{v}^2(\vec{r},t)}{2} + \frac{p(\vec{r},t)}{\rho} = 0 + 0 + \frac{p_\infty}{\rho} ,$$

onde $p_\infty = p(r \to \infty,t) =$ constante é a pressão no fluido em pontos muito afastados da esfera. Na equação assumimos que $\varphi(r \to \infty,t) = \vec{v}(r \to \infty,t) = 0$. Desse modo,

$$p(\vec{r},t) = p_\infty - \rho\left[\frac{\partial\varphi}{\partial t}\right] - \frac{\rho\vec{v}^2}{2} .$$

De acordo com a Fig. I.47, que mostra o deslocamento do campo de velocidades, $\vec{r}' = \vec{r}(t+dt) = \vec{r}(t)+d\vec{R}$. Assim,

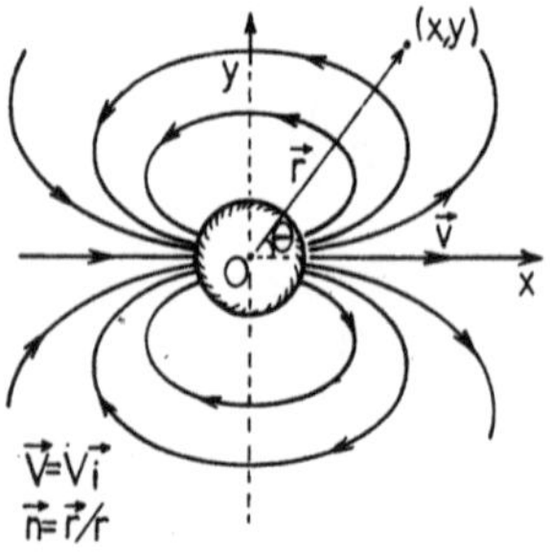

Fig. I.46

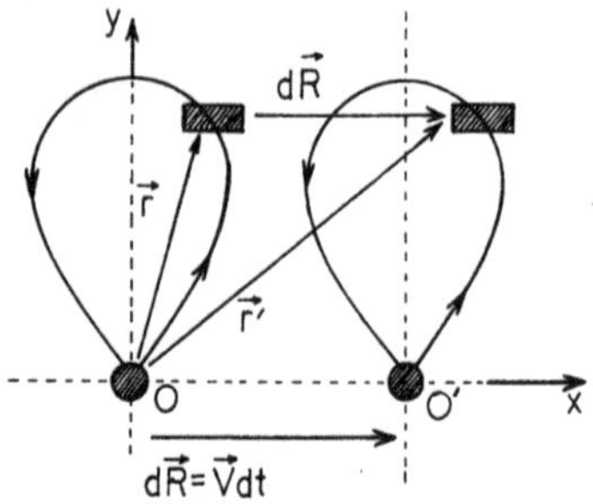

Fig. I.47

$$d\varphi = \varphi[\vec{r}(t+dt),t+dt] - \varphi(\vec{r}(t),t) =$$

$$= \frac{\partial\varphi}{\partial t} + \frac{\partial\varphi}{\partial\vec{r}}\cdot d\vec{R} \Longrightarrow \frac{\partial\varphi}{\partial t} = \frac{d\varphi}{dt} - \left[\frac{\partial\varphi}{\partial\vec{r}}\right]\cdot\left[\frac{d\vec{R}}{dt}\right].$$

Como $\partial\varphi/\partial\vec{r} = \nabla\varphi$ e $d\vec{R}/dt = \vec{V}$, obtemos:

$$\frac{\partial\varphi}{\partial t} = \left[\frac{d\varphi}{d\vec{V}}\right]\cdot\left[\frac{d\vec{V}}{dt}\right] - \vec{V}\cdot\nabla\varphi = \left[\frac{d\varphi}{d\vec{V}}\right]\cdot\frac{d\vec{V}}{dt} - \vec{V}\cdot\nabla\varphi.$$

Levando em conta esses termos a $p(\vec{r},t)$, fica:

$$p(\vec{r},t) = p_\infty - \rho\left[\frac{d\varphi}{d\vec{V}}\right]\cdot\frac{d\vec{V}}{dt} + \rho\nabla\varphi\cdot\vec{V} - \frac{\rho\vec{v}^2}{2}.$$

Como $\vec{V} = V(\cos\theta\,\vec{r}_0 - \mathrm{sen}\,\theta\,\vec{\theta}_0)$ e $\varphi = -\,a^3(\vec{V}\cdot\vec{r}_0)/2r^2$, temos

$$\begin{aligned}\nabla\varphi = \vec{v} &= Va^3[3\vec{r}_0\cos\theta - \cos\theta\,\vec{r}_0 + \mathrm{sen}\,\theta\,\vec{\theta}_0]/2r^3\\ &= Va^3[2\cos\theta\,\vec{r}_0 + \mathrm{sen}\,\theta\,\vec{\theta}_0]/2r^3,\end{aligned}$$

donde

$$\frac{\rho\vec{v}^2}{2} = \rho(Va^3)^2(\cos^2\theta+1)/8r^6\ ,\quad \frac{d\varphi}{d\vec{V}} = -\,a^3\vec{r}_0/2r^2$$

e

$$\rho\vec{V}\cdot\nabla\varphi = \rho\vec{v}\cdot\vec{V} = V\rho(Va^3)(3\cos^2\theta-1)/2r^3.$$

Portanto, sobre a esfera ($r=a$) a pressão $p(a,t)$ é dada por:

$$p(a,t) = p_\infty + \rho a\vec{r}_0\cdot\left(\frac{d\vec{V}}{dt}\right)/2 + \rho V^2(9\cos^2\theta - 5)/8.$$

N. CILINDRO EM FLUXO UNIFORME

Vamos estudar agora o escoamento de um fluido em torno de um cilindro que está parado. Suporemos o fluido incompressível, irrotacional, e que tenha, antes de atingir o cilindro, velocidade $\vec{V}$, conforme vemos na Fig. I.48. Como o fluido é ideal, após passar a região onde está o cilindro, ele volta a ter o mesmo tipo de escoamento. O cilindro tem raio a e é muito longo, com comprimento L, de tal modo que os efeitos de bordas são desprezíveis.

Como vimos no caso anterior, temos de resolver as equações $\nabla^2\varphi = \nabla^2\psi = 0$ impondo as seguintes condições de contorno:

$$\begin{cases} (1) \lim\limits_{r\to\infty} \vec{v}(r,\theta) = V\cos\theta\,\vec{r}_0 - V\,\text{sen}\,\theta\,\vec{\theta}_0\,; \\ (2)\ v_r(r=a,\theta) = 0. \end{cases}$$

Nessas equações acima estamos admitindo simetria cilíndrica e considerando um sistema de coordenadas polares cilíndricas (r,θ). Assim, $\varphi = \varphi(r,\theta)$ e $\psi = \psi(r,\theta)$.

A solução geral de $\nabla^2\varphi(r,\theta) = 0$ é:

$$\varphi(r,\theta) = \sum_\lambda \left[A_\lambda \cos(\lambda\theta) + B_\lambda\,\text{sen}(\lambda\theta)\right]\left[C_\lambda\, r^\lambda + D_\lambda\, r^{-\lambda}\right] + (E+F\theta)(G+H\ln r).$$

Quando $r\to\infty$, devemos ter

$$v_r = \frac{\partial\varphi}{\partial r} = V\cos\theta$$

e

$$v_\theta = \left[\frac{\partial\varphi}{\partial\theta}\right]\frac{1}{r} = -\,V\,\text{sen}\,\theta,$$

de acordo com (1). Essas relações implicam em $\lim\limits_{r\to\infty}\varphi(r,\theta) = Vr\cos\theta$. Comparando com a solução geral quando $r\to\infty$, deduzimos que $\lambda = 1$, $E = F = G = H = 0$, $C_1 \neq 0$ e que $C_{n+1} = B_n = 0$ para $n = 1,2,3,\ldots$ Deste modo, $\varphi(r,\theta)$ se reduz a

$$\varphi(r,\theta) = \alpha\, r\cos\theta + \beta\cos\theta/r\,,$$

onde $V = \alpha$.

Sobre o cilindro temos de impor a condição de contorno (2) que é $v_r(r=a,\theta) = (\partial\varphi/\partial r)_{r=a} = 0$. Ou seja, $(\partial\varphi/\partial r)_{r=a} = V\cos\theta - \beta\cos\theta/a^2 = 0$ de onde deduzimos que $\beta = Va^2$. Finalmente, podemos escrever $\varphi(r,\theta) = Vr\cos\theta\,(1+a^2/r^2)$.

Para calcular as linhas de corrente, vamos resolver a equação $\nabla^2\psi(r,\theta) = 0$ com as condições de contorno:

a) $\lim\limits_{r\to\infty}\psi(r,\theta) = \gamma y = \gamma\, r\,\text{sen}\,\theta,$

pois as linhas de corrente muito longe do corpo são retas paralelas ao eixo X. A outra condição é

b) $\psi(r=a,\theta) = \text{constante},$

pois o contorno de um sólido é uma linha de corrente.

Assim, usando o mesmo tipo de solução geral que nno caso de $\varphi(r,\theta)$ e impondo a condição (a), obtemos

$$\psi(r,\theta) = \gamma\, r \operatorname{sen}\theta + \delta \frac{\operatorname{sen}\theta}{r}.$$

Como a (b) diz que $(\partial\psi/\partial\theta)_{r=a} = 0$, temos

$$\gamma\, a \cos\theta + \frac{\delta\ \cos\theta}{a} = 0 \implies \frac{\delta}{\gamma} = -\,a^2.$$

Daí, $\psi(r,\theta) = \gamma \operatorname{sen}\theta(r - a^2/r)$. Como, pelas Eqs. (P.7.7), deve valer $(\partial\varphi/\partial\theta)/r =$ $= -(\partial\psi/\partial r)$, chegamos finalmente à função corrente $\psi(r,\theta)$:

$$\psi(r,\theta) = Vr \operatorname{sen}\theta\left[1 - \frac{a^2}{\mathrm{r}}\right].$$

Usando $\varphi(r,\theta)$ e $\psi(r,\theta)$, podemos construir a função potencial complexo $\Omega(z)$:

$$\Omega(z) = \varphi(r,\theta) + i\,\psi(r,\theta) = Vr\cos\theta + iVr\operatorname{sen}\theta + \frac{Va^2\cos\theta}{r} - \frac{iVa^2\operatorname{sen}\theta}{r} =$$

$$= Vr\,e^{i\theta} + \frac{Va^2\ e^{-i\theta}}{r} = V\left[z + \frac{a^2}{z}\right].$$

ou seja:

$$\Omega(z) = V\left[z + \frac{a^2}{z}\right] \qquad (z = x + iy = r\,e^{i\theta}).$$

O fluxo resultante pode ser representado pela Fig. I.49.

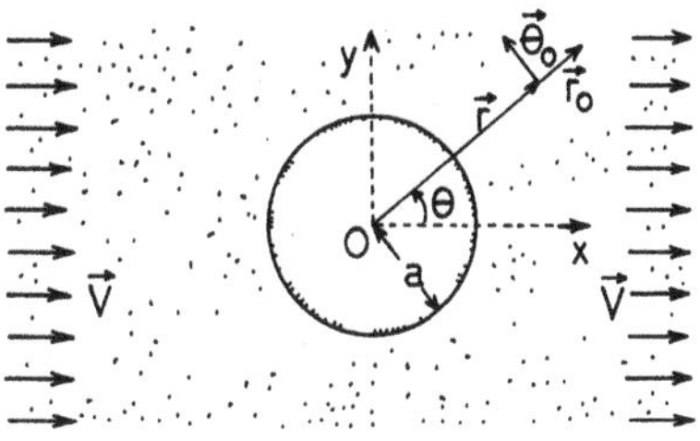

Fig. I.48

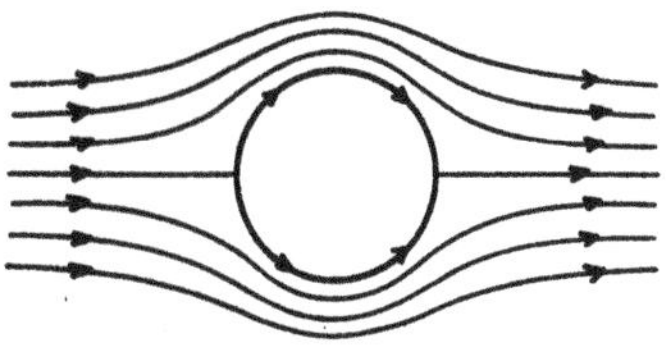

Fig. I.49

O. ESCOAMENTO EM CANTOS VIVOS

Estudaremos agora os fluxos nos casos em que o fluido encontra em seu percurso cantos vivos ou quinas, tais como, por exempo, os vistos na Fig. I.50.

Admitindo que $\nabla\cdot\vec{v} = \nabla\times\vec{v} = 0$, temos, como nos casos anteriores, $\nabla^2\psi(r,\theta) = \nabla^2\varphi(r,\theta) = 0$. Uma das condições de contorno que devemos impor é que a velocidade normal à parede é nula, tanto para θ=0 como para θ=α, ou seja, $v_\theta(r,\theta=0) = v_\theta(r,\theta=\alpha) = 0$.

A solução geral de $\nabla^2\psi(r,\theta)$ é dada por:

$$\psi(r,\theta) = \sum_\lambda \left[A'_\lambda \cos(\lambda\theta) + B'_\lambda \operatorname{sen}(\lambda\theta)\right]\left[C'_\lambda r^\lambda + D'_\lambda r^{-\lambda}\right] + (E+F\theta)(G + H \ln r).$$

Como $v_\theta = -\,\partial\psi/\partial r$, teremos:

$$-\frac{\partial\psi}{\partial r} = \sum_\lambda \lambda\left[A'_\lambda \cos(\lambda\theta) + B'_\lambda \operatorname{sen}(\lambda\theta)\right]\left[C'_\lambda r^{\lambda-1} + D'_\lambda r^{-\lambda-1}\right] + \frac{H(E+F\theta)}{r}.$$

Como v_θ deve se anular para ($\forall$ r) quando θ=0 e θ=α, decorre: $A'_\lambda = 0$, $H = 0$ e $\lambda = n\pi/\alpha$, onde $n = 1,2,3,\ldots$ Como, por simetria, $F = 0$, teremos

$$\psi(r,\theta) = \sum_\lambda (A_\lambda r^\lambda + B_\lambda r^{-\lambda})\operatorname{sen}(\lambda\theta),$$

onde

$$\lambda = \frac{n\pi}{\alpha} \quad (n = 1,2,3,\ldots)$$

Porém, o que caracteriza uma linha de corrente é $\psi(r,\theta)$ = constante. Levando em conta os termos que aparecem na solução geral anterior vemos que os do tipo $r^\lambda \operatorname{sen}(\lambda\theta)$ = constante = C implicam no seguinte: $r^\lambda = C/\operatorname{sen}(\lambda\theta)$ ou seja, $r\to\infty$ quando θ=0 e $\theta = n\pi/\lambda$. Isso diz que eles devem representar escoamentos com **ramos divergentes**: o fluido vem de longe e vai para longe da quina, como se vê na Fig. I.50. Por outro lado, os termos do tipo $r^{-\lambda} \operatorname{sen}(\lambda\theta)$ = = constante = C nos dizem que, quando θ=0 ou $\theta = n\pi/\lambda$, $r\to 0$. Eles devem, por conseguinte, representar **ramos convergentes**: o fluido sai de r=0 e volta para r=0, conforme a Fig. I.51.

Vamos começar a estudar os *fluxos divergentes* que são, conforme visto acima, governados por uma $\psi(r,\theta)$:

$$\psi(r,\theta) = \sum_\lambda A_\lambda r^\lambda \operatorname{sen}(\lambda\theta) = A_1\, r^{\pi/\alpha} \operatorname{sen}\left[\frac{\pi\theta}{\alpha}\right] + A_2\, r^{2\pi/\alpha} \operatorname{sen}\left[\frac{2\pi\theta}{\alpha}\right] + \cdots$$

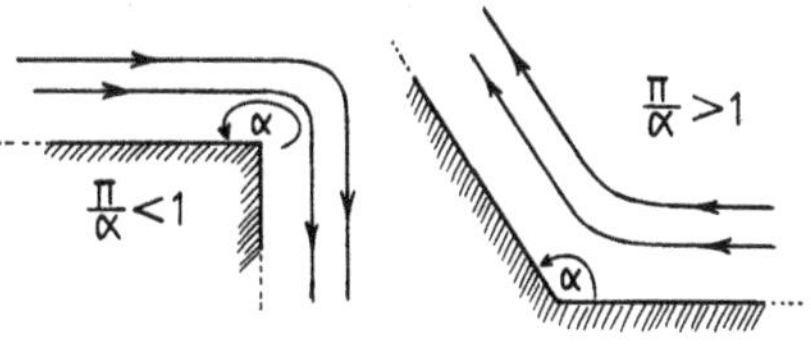

Fig. I.50

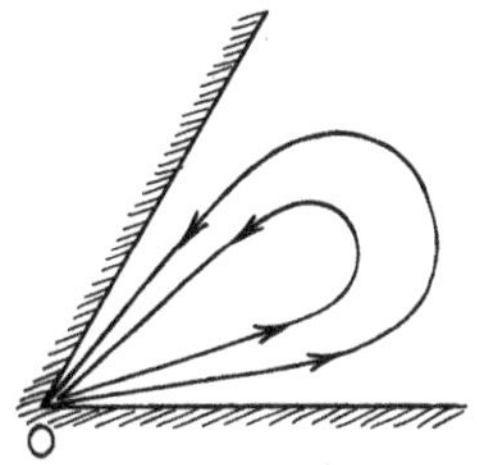

Fig. I.51

A velocidade radial

$$v_r = \frac{1}{r}\left[\frac{\partial\psi}{\partial\theta}\right]$$

é então, a seguinte:

$$v_r(r,\theta) = \left[\frac{\pi}{\alpha}\right] A_1\, r^{\pi/\alpha-1} \cos\left[\frac{\pi\theta}{\alpha}\right] + \left[\frac{2\pi}{\alpha}\right] A_2\, r^{2\pi/\alpha-1} \cos\left[\frac{2\pi\theta}{\alpha}\right] + \cdots$$

Pela simetria do fluxo vemos que $v_r(r,\theta)$ deve se anular somente quando $\theta = \alpha/2$ (a única exceção é o ponto singular $r=0$ para $\pi/\alpha < 1$). Como nem todos os termos em $\cos(n\pi\theta/\alpha)$ satisfazem essa condição, assumiremos, numa primeira aproximação, $A_2 = A_3 = \cdots = 0$. Assim, ψ se reduz a um único termo: $\psi(r,\theta) = A_1 r^{\pi/\alpha}\,\mathrm{sen}(\pi\theta/\alpha)$. Como $v_r(r,\theta) = (\pi/\alpha)\; A_1 r^{\pi/\alpha-1} \cos(\pi\theta/\alpha)$, vemos $v_r \to \infty$ quando $r \to 0$ se $\pi/\alpha < 1$.

Num fluido real, como sabemos, isso não ocorre, porém, como analisaremos mais tarde, as quinas geram grandes gradientes de velocidades, produzindo vórtices.

Para determinar o potencial complexo $\Omega(z)$ precisamos calcular $\varphi(r,\theta)$. Como as relações (P.7.7) devem ser satisfeitas, obtemos: $\varphi(r,\theta) = A_1 r^{\pi/\alpha} \cos(\pi\theta/\alpha)$. Daí, $\Omega = \varphi + i\psi = A_1 r^{\pi/\alpha} \cos(\pi\theta/\alpha) + A_1 r^{\pi/\alpha}\,\mathrm{sen}(\pi\theta/\alpha) i = A_1 z^{\pi/\alpha}$. Genericamente, definindo a razão $\pi/\alpha = \tau$, a função $\Omega(z)$ é dada por $\Omega(z) = az^{\tau}$.

Exemplos de escoamentos $\Omega(z) = az^{\tau}$

1) $\tau = 1 \quad (\alpha = 180°)$

Na Fig. I.52 representamos o escoamento descrito pela equação $\Omega(z) = z$. Isso implica que $\psi(r,\theta) = r\,\mathrm{sen}\,\theta = y =$ constante, ou seja, as linhas de corrente são retas paralelas ao eixo x.

2) $\tau = 2$ ($\alpha = 90°$ ou $180°$ com bifurcação)

Na Fig. I.53, vemos o escoamento descrito por $\Omega(z) = z^2$. Quando há bifurcação, temos de impor as seguintes condições de contorno: $v_\theta(r,0) = v_\theta(r,\alpha) =$ $= v_\theta(r,\alpha/2) = 0$. Portanto, há uma condição a mais que é a de anular v_θ em $\alpha/2$.

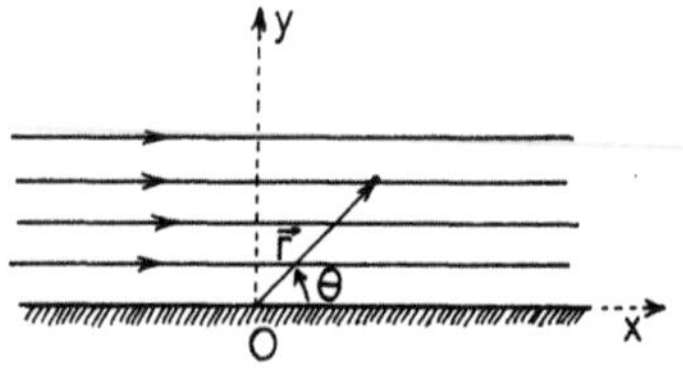

Fig. I.52

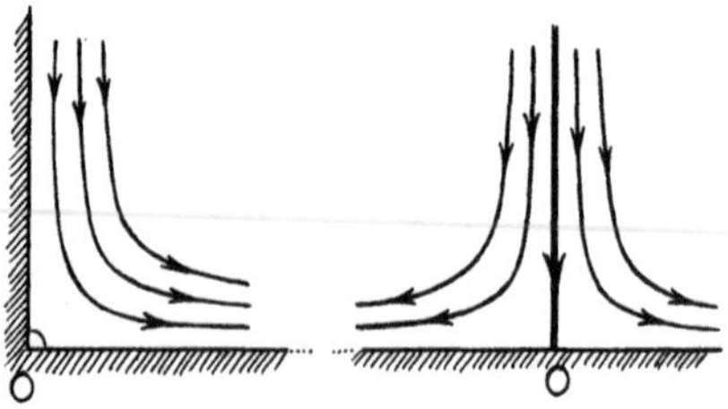

Fig. I. 53

3) $\tau = 3$ ($\alpha = 60°$ ou $120°$ com bifurcação)

O caso $\Omega(z) = z^3$ é visto na Fig. I.54.

4) $\tau = 3/2$ ($\alpha = 120°$ ou $240°$ com bifurcação)

Vemos na Fig. I.55 o fluxo descrito por $\Omega(z) = z^{3/2}$.

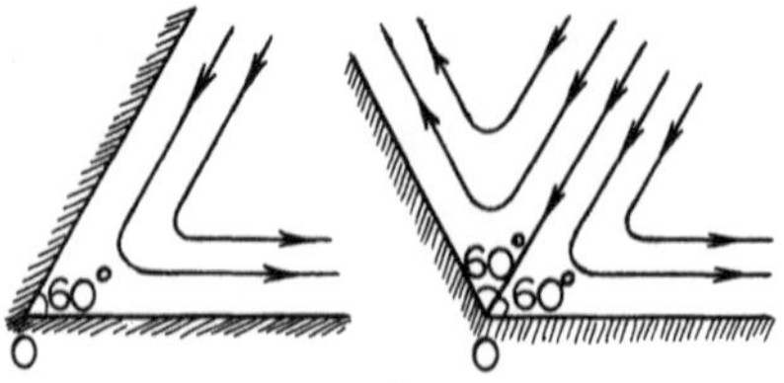

Fig. I.54

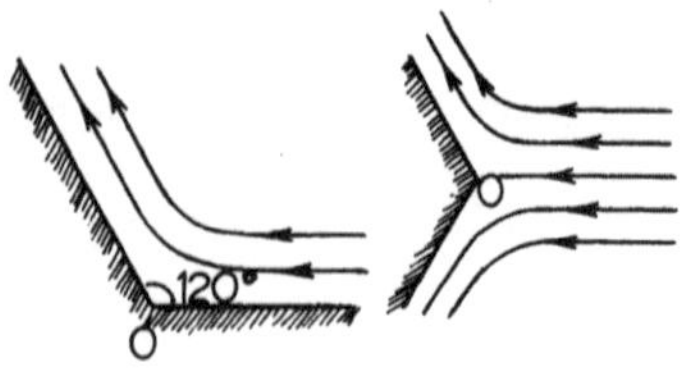

Fig. I.55

5) $\tau = 2/3$ ($\alpha = 270°$)

O escoamento representado por $\Omega(z) = z^{2/3}$ é mostrado na Fig. I.56.

6) $\tau = 1/2 \quad (\alpha = 360^o)$

Finalmente, $\Omega(z) = z^{1/2}$ é representado na Fig. I.57.

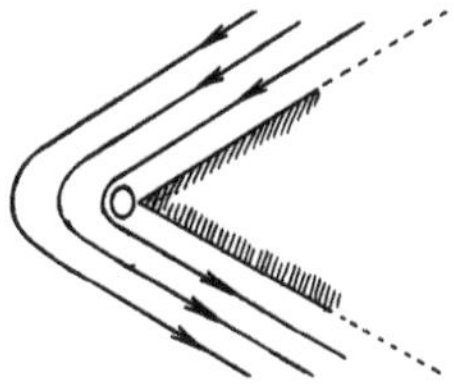

Fig. I.56

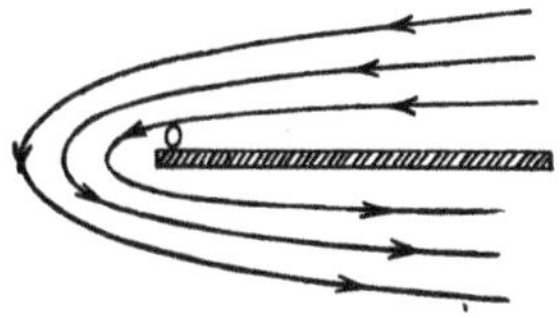

Fig. I.57

Os *fluxos convergentes*, como vimos, obedecem a $\psi(r,\theta) = \text{sen}(\lambda\theta)/r^{-\lambda}$. Pode–se mostrar, de modo análogo ao caso dos *fluxos divergentes*, que a função potencial $\Omega(z) = az^{-\tau}$. Vejamos a seguir alguns exemplos.

Exemplos de escoamentos $\Omega(\text{z}) = z^{-\tau} \quad (\tau > 0)$

Nas Figs. I.58,59 e 60 vemos os fluxos descritos por $\Omega(\text{z}) = z^{-\tau} \quad (\tau = 2,\ 3/2$ e $1)$.

1) $\tau = 2 \quad (\alpha = 90^o)$

2) $\tau = 3/2 \quad (\alpha = 120^o)$

3) $\tau = 1 \quad (\alpha = 180^o)$

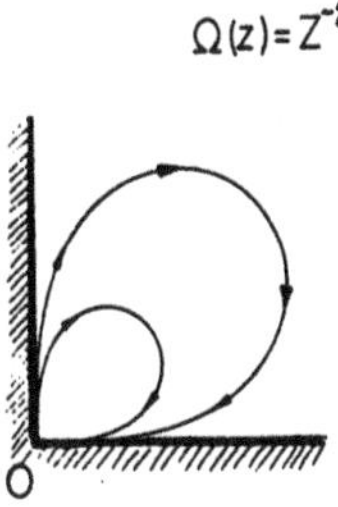

Fig. I.58

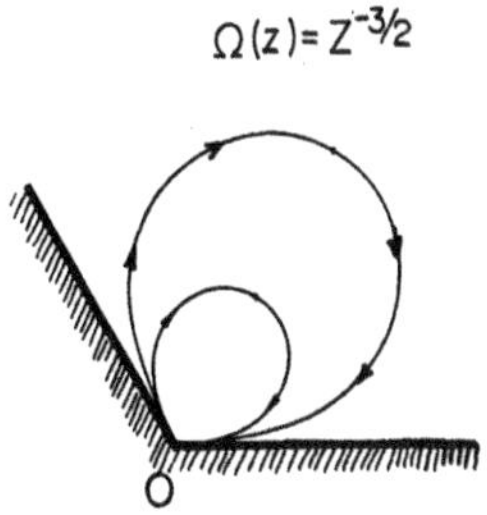

Fig. I.59

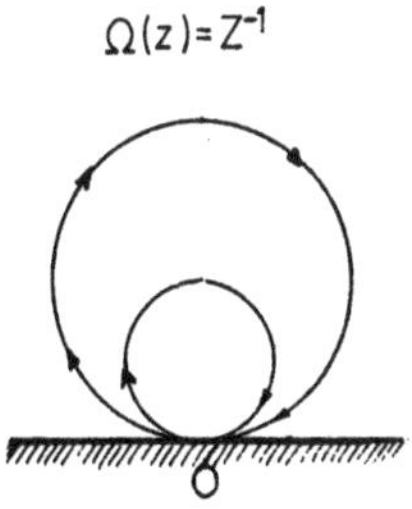

Fig. I.60

I. SUPERPOSIÇÃO DE FLUXOS

Conforme vimos, nos casos de **fluxo isentrópico** e **fluido incompressível**, as seguintes equações devem ser satisfeitas:

$$\begin{cases} \dfrac{\partial \vec{\omega}}{\partial t} - \nabla \times (\vec{v} \times \vec{\omega}) = 0; \\ \nabla \cdot \vec{v} = 0. \end{cases}$$

Além disso, se o fluxo for **irrotacional**, a primeira equação estará automaticamente satisfeita, pois $\vec{v} = \nabla\varphi$ e $\nabla \times \vec{v} = \vec{\omega} = 0$. A segunda equação dá $\nabla\cdot(\nabla\varphi) = \nabla^2\varphi = 0$, que aplicamos em vários casos, nas secções anteriores. A equação $\nabla^2\psi = 0$ é equivalente a $\nabla^2\varphi = 0$, para determinar o escoamento, conforme a Sec. P.B.2.

Assim, se φ_j ($j = 1,2,...,n$) são soluções de $\nabla^2\varphi_j = 0$, vemos que $\varphi = \Sigma_j\varphi_j$ também é solução da equação de Laplace. Isso implica que $\vec{v} = \nabla\varphi = \nabla(\Sigma_j\varphi_j) = \Sigma_j\vec{v}_j$ deve valer. Ou seja, vale o princípio da superposição das velocidades dos escoamentos.

Segundo as Eqs. (P.7.2), para escoamentos bidimensionais, $\vec{v}_j = -\vec{k} \times \nabla\psi_j = \nabla\varphi_j$. Donde tiramos $\vec{v} = -\vec{k} \times \nabla\psi$ onde $\psi = \Sigma_j\psi_j$. Portanto, se um escoamento j é caracterizado por $\Omega_j(z) = \varphi_j + i\psi_j$ o escoamento resultante será representado por $\Omega(z) = \Sigma_j\Omega_j(z) = \Sigma_j[\varphi_j + i\psi_j]$.

Exemplo 1. **Fonte em fluxo uniforme** (Fig. I.61).

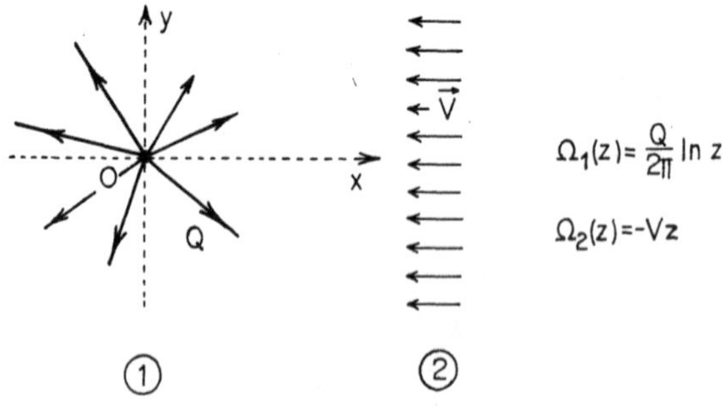

Fig. I.61

Devido à superposição, teremos algo como o que é mostrado na Fig. I.62.

Exemplo 2. **Sorvedouro em fluxo uniforme**

Se tivéssemos um sorvedouro no mesmo fluxo uniforme anterior, teríamos o fluxo descrito na Fig. I.63.

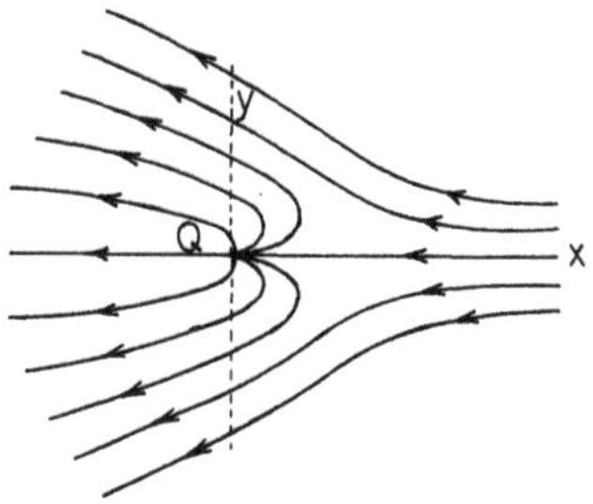

$\Omega(z) = \frac{Q}{2\pi} \ln z - Vz$

Fig. I.62

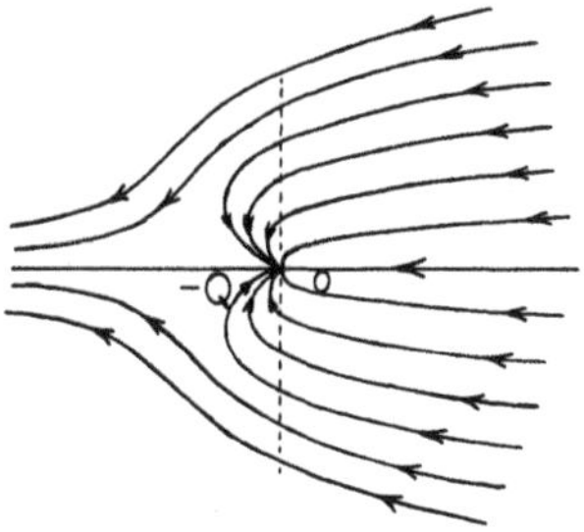

$\Omega(z) = -\frac{Q}{2\pi} \ln z - Vz$

Fig. I.63

Exemplo 3. **Duas fontes (Q_1 e Q_2)**

Na Fig. I.64 representamos duas fontes Q_1 e Q_2. A função Ω resultante é $\Omega = (Q_1/2\pi)\ln z_1 + (Q_2/2\pi)\ln z_2$, cujo escoamento se vê na Fig. I.65.

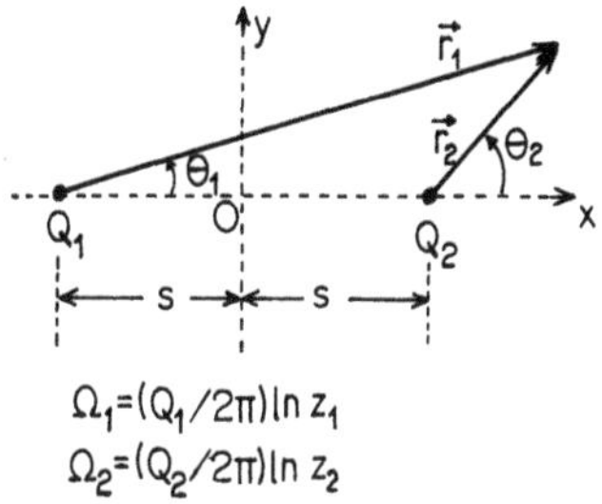

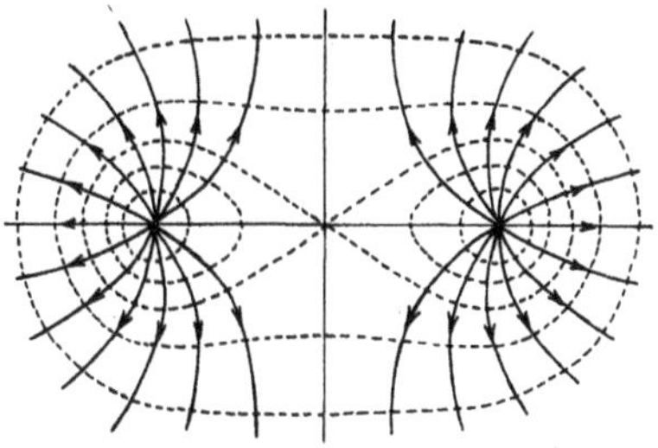

Figs. I.64 e I.65

A função ψ, por exemplo, será dada por:

$$\psi = \psi_1 + \psi_2 = \frac{Q_1}{2\pi}\,\theta_1 + \frac{Q_2}{2\pi}\,\theta_2 = \frac{Q_1}{2\pi}\,\text{tg}^{-1}\left[\frac{y}{x-s}\right] + \frac{Q_2}{2\pi}\,\text{tg}^{-1}\left[\frac{y}{x-s}\right].$$

Exemplo 4. **Uma fonte (Q_2) e um sorvedouro ($-Q_1$)**

Substituindo Q_1 por $-Q_1$ nas fórmulas do Ex. 3, teremos

$$\Omega = -\frac{Q_1}{2\pi}\ln z_1 + \frac{Q_2}{2\pi}\ln z_2$$

No fluxo resultante, a fonte está indicada por $+$ e o sorvedouro por $-$, conforme é visto na Fig. I.66. A forma do fluxo é *dipolar*.

Vamos ver o que acontece quando $Q_1 = Q_2 = Q$ e $s/r \ll 1$. Ora,

$$\Omega = -\left[\frac{Q}{2\pi}\right]\ln z_1 + \left[\frac{Q}{2\pi}\right]\ln z_2 = -\left[\frac{Q}{2\pi}\right]\ln\left[\frac{z_1}{z_2}\right] = -\left[\frac{Q}{2\pi}\right]\ln\left[\frac{(x-s)+iy}{(x+s)+iy}\right]$$

$$= -\left[\frac{Q}{2\pi}\right]\ln\left[\frac{(1-\frac{s}{x}) + i\ \mathrm{tg}\ \theta}{(1+\frac{s}{x}) + i\ \mathrm{tg}\ \theta}\right]$$

$$= -\left[\frac{Q}{2\pi}\right]\ln\left[\frac{(1-\alpha^2) + \mathrm{tg}^2\theta + 2i\alpha\ \mathrm{tg}\ \theta}{(1+\alpha)^2 + \mathrm{tg}^2\theta}\right].$$

Como $\alpha = s/x \ll 1$, temos

$$\Omega(z) \simeq -\left[\frac{Q}{2\pi}\right]\ln\left[1 - 2\alpha\cos^2\theta + 2i\alpha\,\mathrm{sen}\theta\cos\theta\right] \simeq \left[\frac{Q}{2\pi}\right]\left[+\frac{2s}{r}\cos\theta - \frac{2is}{r}\mathrm{sen}\theta\right].$$

A Fig. I.67 mostra o fuxo resultante, denominado "dubleto". Definindo χ : $\chi = Qs/\pi$, resulta $\Omega_{\text{dubleto}} = (\chi/r)e^{-i\theta}$.

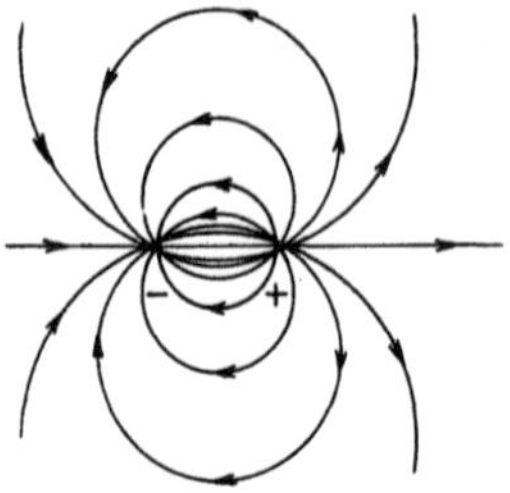

Fig. I.66

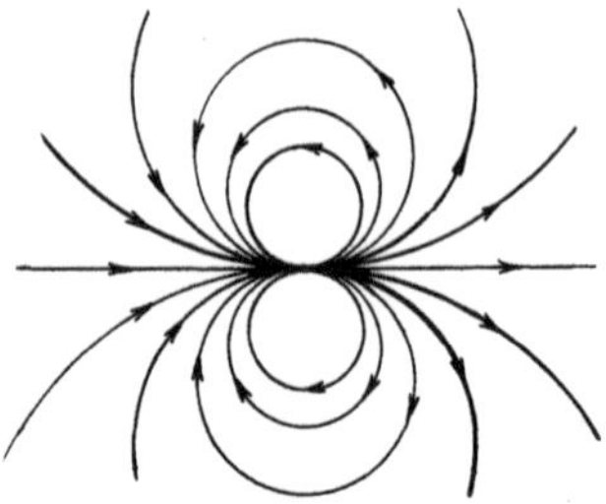

Fig. I.67

Exemplo 5. **Vórtice (negativo) em fluxo uniforme**

Como $\Omega_1 = Vz$ e $\Omega_2 = (i\Gamma/2\pi) \ln z$, resulta $\Omega(z) = -(i\Gamma/2\pi) \ln z + Vz$. O ponto A é de estagnação: $v_\theta(A) = v_r(A) = 0$. Como $rv_\theta = \partial\varphi/\partial\theta = -\Gamma/2\pi - V sen\,\theta$ e $v_r = \partial\varphi/\partial r = V \cos\theta$, decorre $r_A = \Gamma/2\pi V$ e $\theta_A = 3\pi/2$. Os escoamentos inicial e resultante estão representados na Fig. I.68.

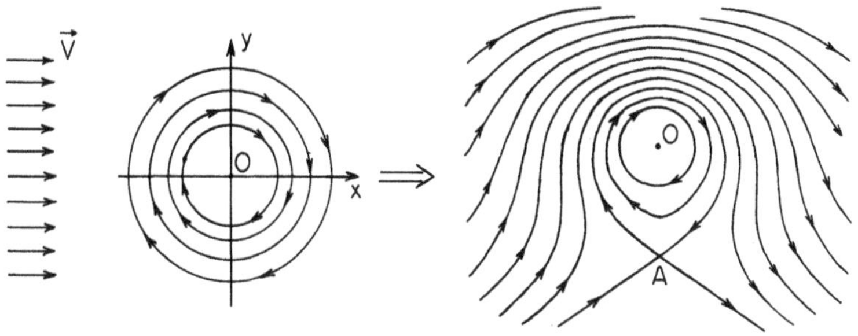

Fig. I.68

Exemplo 6. **Vórtices negativo e positivo**

Consideremos dois vórtices, um positivo (+) e outro negativo (–), situados os pontos (0,s) e (0,–s), respectivamente, conforme a Fig. I.69. Como

$$\Omega_1 = \frac{\Gamma_1}{2\pi} \ln z_1$$

e

$$\Omega_2 = -\frac{\Gamma_2}{2\pi} \ln z_2 ,$$

temos

$$\Omega = \left[\frac{\Gamma_1}{2\pi}\right] \ln z_1 - \left[\frac{\Gamma_2}{2\pi}\right] \ln z_2.$$

No caso particular de $\Gamma_1 = \Gamma_2 = \Gamma$ decorre

$$\Omega = \left[\frac{\Gamma}{2\pi}\right] \ln \left[\frac{z_1}{z_2}\right] = \left[\frac{\Gamma}{2\pi}\right] \ln \left[\frac{z+is}{z-is}\right].$$

Quando $s/r \ll 1$, o fluxo resultante é muito parecido com o dubleto visto no Ex. 4. Isso pode ser observado na Fig. I.70, onde mostramos o "dubleto de vórtices".

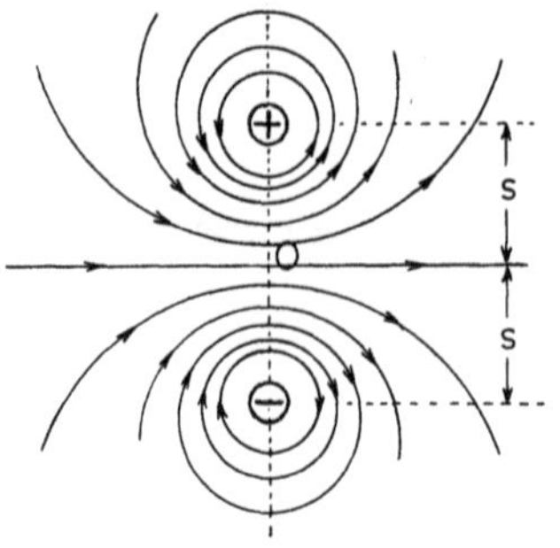

Fig. I.69

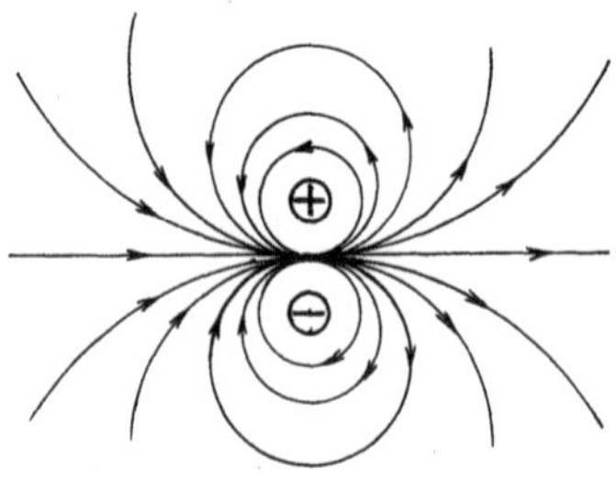

Fig. I.70

A. CILINDRO & VÓRTICE NA ORIGEM & FLUXO UNIFORME

Estudamos na Sec. I.7.N um cilindro submetido a um fluxo uniforme. Suporemos agora que, além do fluxo uniforme, haja a superposição de um outro escoamento: um **vórtice positivo** na origem, mas cujos efeitos se fazem sentir para $r \geq a$, sendo a o raio do cilindro. Desse modo, a configuração de fluxos que serão superpostos é a representada na Fig. I.71.

Como o vórtice positivo obedece a $\Omega_+ = -i\Gamma \ln z/2\pi$, segundo a Eq. (P.7.9), o potencial resultante da superposição dos dois fluxos será:

$$\Omega(z) = -V\left[z + \frac{a^2}{z}\right] - \frac{i\Gamma}{2\pi} \ln z. \tag{I.7.8}$$

Na superfície do cilindro, devemos ter

$$\begin{cases} v_r(r=a,\theta) = [(\partial\psi/\partial\theta)/r]_a = -[V(1-a^2/r^2)\cos\theta]_a \\ \\ v_\theta(r=a,\theta) = -(\partial\psi/\partial r)_a = [V(1+a^2/r^2)\text{ sen }\theta + \Gamma/2\pi r]_a \end{cases}$$

ou seja,

$$v_r(r=a,\theta) = 0 \quad \text{e} \quad v_\theta(r=a,\theta) = 2V\text{ sen }\theta + \frac{\Gamma}{2\pi a}.$$

A pressão $p(r=a,\theta)$ sobre o cilindro é obtida, usando-se a equação de Bernouilli (I.G.2):

$$p(r=a,\theta) = p_\infty + \frac{1}{2}\rho \vec{V}^2 - \frac{1}{2}\rho \vec{v}^2 p(r=a,\theta)$$

$$= p_\infty + \frac{1}{2}\rho \vec{V}^2 + \frac{1}{2}\rho \left[4V^2 \text{sen}^2\theta + \frac{2\Gamma V}{2\pi a}\,\text{sen}\,\theta + \frac{\Gamma^2}{4\pi^2 a^2} \right] ;$$

p_∞ é a pressão do fluido num ponto muito afastado do cilindro, onde $\vec{v} = \vec{V}$.

Poderíamos calcular a força sobre o cilindro usando diretamente a fórmula de Kutta–Joukowsky, que será vista na Eq. (I.10.1). Porém, vamos obtê–la através de um modo direto, lembrando que $d\vec{F} = p(r=a,\theta)\,d\vec{A}$. Sendo L o comprimento do cilindro (Fig. I.72), temos:

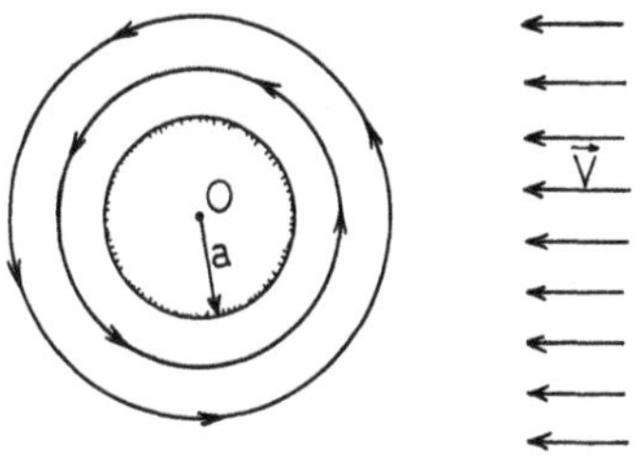

Fig. I.71

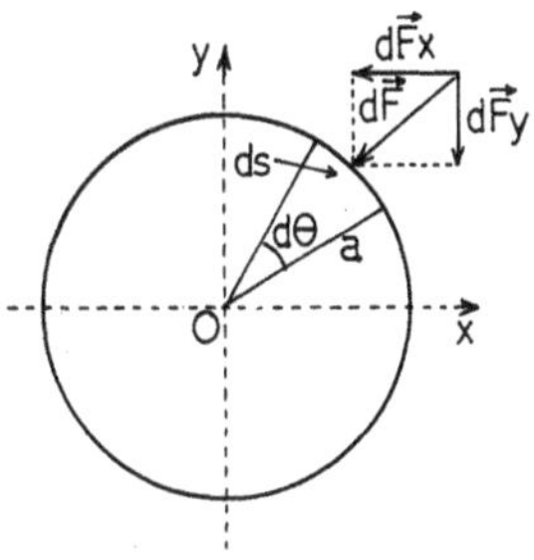

Fig. I.72

$$\begin{cases} dF_y = p(a,\theta)\,a\,d\theta\,L\,\text{sen}\,\theta\,; \\ dF_x = p(a,\theta)\,a\,d\theta\,L\cos\theta\,. \end{cases}$$

pois $d\vec{A} = ds\,L\hat{n} = a\,d\theta\,L\,\hat{r}_0$. Assim,

$$\frac{F_x}{L} = \mathcal{F}_x = \oint_{(s)} d\,\mathcal{F}_x = \int_0^{2\pi} a d\theta \left[\left[p_\infty + \frac{pV^2}{2} - \frac{\rho\Gamma^2}{8\pi^2 a^2} \right] \cos\theta - \frac{\rho\Gamma V}{\pi a}\,\text{sen}\,\theta\cos\theta \right.$$

$$\left. - 2\rho V^2\,\text{sen}^2\theta\cos\theta \right] = 0;$$

$$\frac{F_y}{L} = \mathcal{F}_y = \oint d\,\mathcal{F}_y = \int_0^{2\pi} a d\theta \left[\left[p_\infty + \frac{1}{2}\rho V^2 - \frac{\rho\Gamma^2}{8\pi^2 a^2} \right] \text{sen}\,\theta - \frac{\rho\Gamma V}{\pi a}\,\text{sen}^2\theta \right.$$

$$\left. - 2\rho V^2\,\text{sen}^3\theta \right] = \rho\,\Gamma V\,.$$

Ou seja, $\mathcal{F}_x = 0$ e $\mathcal{F}_y = \rho\,\Gamma V$, onde Γ é a circulação da velocidade, $\Gamma = \oint_\gamma \vec{v}\cdot d\vec{s}$ em torno do cilindro.

Dependendo do valor de Γ os pontos de estagnação ($\vec{v}$=0) do fluxo podem estar sobre o cilindro (r=a) ou fora dele ($r > a$). Sendo A o ponto de estagnação com coordenadas r_A e θ_A:

$$\begin{cases} v_\theta(r_A,\theta_A) = \Gamma/2\pi r_A - V(1 + a^2/r_A^2) = 0; \\ v_r(r_A,\theta_A) = -\ V(1 - a^2/r_A^2)\cos\theta_A = 0. \end{cases}$$

Da Eq. (1) tiramos:

$$r_A = \left[\frac{\Gamma}{4\pi V}\right]\left[1 \pm \left[1 - \frac{16\pi^2 a^2 V^2}{\Gamma^2}\right]^{1/2}\right]$$

Assim, quando $\Gamma < 4\pi Va$, a única possibilidade é de os pontos de estagnação estarem sobre a superfície do cilindro. De fato, $v_r(a,\theta_A) = 0$ e $v_\theta(a,\theta_A) = \Gamma/2\pi a + 2V \operatorname{sen}\theta_A = 0$, donde tiramos: $\operatorname{sen}\theta_A = -\Gamma/4\pi Va$, que dá dois valores para θ_A. Há dois pontos de estagnação sobre a superfície do cilindro, como se vê representado na Fig. I.73.

Quando $\Gamma = 4\pi Va$, a única solução possível é $r_A = a$, e os pontos A_1 e A_2 coincidem sobre a superfície do cilindro e $\theta_A = 3\pi/2$, conforme a Fig. I.74.

No caso $\Gamma > 4\pi Va$, o ponto r_A será dado por:

$$r_A = \frac{\Gamma}{4\pi V}\left[1 \pm \left[1 - \frac{16\pi^2 a^2 V^2}{\Gamma^2}\right]^{1/2}\right],$$

mostrando que $r_A > a$. O ponto de estagnação se encontra fora do cilindro e, como $v_r(r_A,\theta_A) = 0$, implica $\theta_A = 3\pi/2$. Essa condição é mostrada na Fig. I.75.

Observando os esquemas de fluxo resultante, notamos que, acima do cilindro, as linhas de fluxo estão comprimidas e, abaixo, elas estão mais separadas. Deve aparecer, portanto, uma força de baixo para cima conforme calculamos antes: $\mathcal{F}_y = \rho\ V\Gamma$. Quando estudarmos os fluidos reais mostraremos que aparece uma força desse tipo quando cilindros giram em um fluxo uniforme. O aparecimento dessa força é denominado **efeito Magnus**.

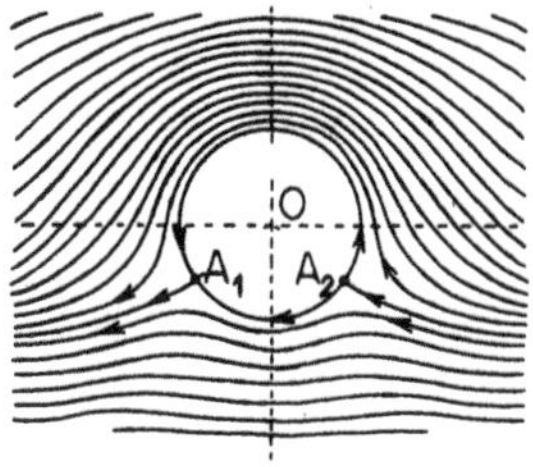

$\Gamma < 4\pi Va$

Fig. I.73

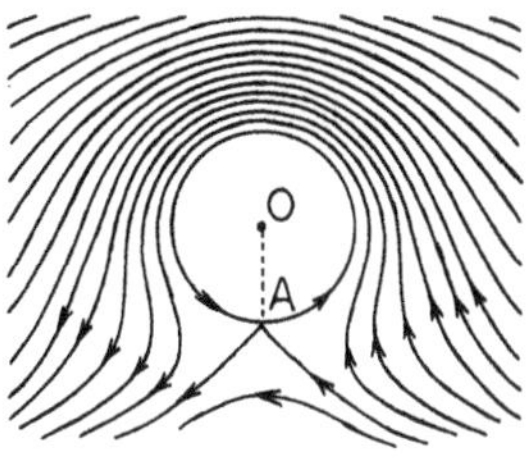

$\Gamma = 4\pi Va$

Fig. I.74

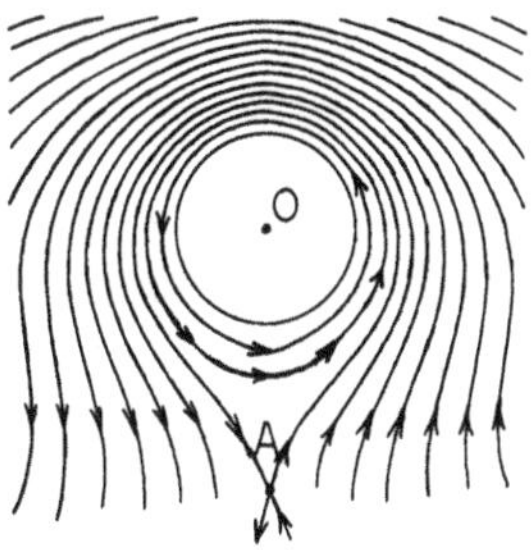

$\Gamma > 4\pi Va$

Fig. I.75

I.9. FÓRMULAS DE BLASIUS–CHAPLYGIN

Mostraremos como calcular as forças e o momento que um fluido ideal exerce sobre um cilindro (vide Fig. I.76), com secção reta arbitrária $\gamma = \gamma(x,y)$, em função do potencial $\Omega(z)$. A Fig. I.77 representa em detalhe o elemento de arco $d\vec{s}$ e o versor normal $\vec{n}$.

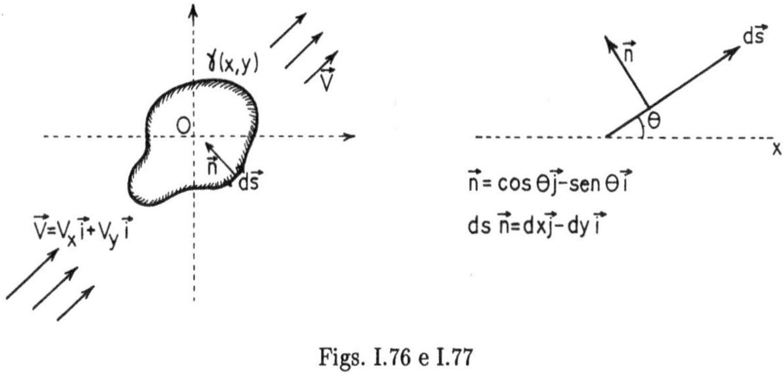

Figs. I.76 e I.77

Como o elemento de área $d\vec{A} = dz\, ds\, \vec{n} = dz(dx\vec{j} - dy\vec{i})$, a força exercida sobre o cilindro será dada por: $\vec{F} = \oint_{(s)} p(x,y)\, d\vec{A}$. Supondo que o cilindro tenha comprimento L e que ele seja suficientemente longo para que possamos desprezar os efeitos das bordas teremos: $\vec{F} = \int dz \oint_{\gamma} p(x,y)\, ds\, \vec{n} = L \oint_{\gamma} p(x,y)(dx\vec{j} - dy\vec{i})$. Se o escoamento for irrotacional e o fluido for incompressível, poderemos usar a Eq. (I.6.2), de Bernouilli:

$$p(x,y) + \frac{\rho}{2}\,\vec{v}^2(x,y) = C\,,$$

desprezando os efeitos gravitacionais. Substituindo $p(x,y)$ dada pela equação acima na expressão da força $\vec{F}$:

$$\vec{F} = L \oint_\gamma \left[C - \frac{\rho \vec{v}^2}{2}\right] ds\,\vec{n} = 0 - \frac{\rho}{2} L \oint \vec{v}^2\, ds\,\vec{n}.$$

Definindo $\vec{\mathscr{F}} = \vec{F}/L$ = força/comprimento, temos

$$\vec{\mathscr{F}} = -\frac{\rho}{2} \oint_\gamma (v_x^2 + v_y^2)(dx\vec{j} - dy\vec{i}) = \mathscr{F}_x\,\vec{i} + \mathscr{F}_y\,\vec{j}.$$

onde

$$\mathscr{F}_x = \left[\frac{\rho}{2}\right] \oint_\gamma \vec{v}^2 dy \quad \text{e} \quad \mathscr{F}_y = -\left[\frac{\rho}{2}\right] \oint_\gamma \vec{v}^2 dx.$$

Como $v_x dy - v_y dx = d\psi = 0$ ao longo do contorno γ, pois o contorno do sólido é linha de fluxo, a integral $2i \oint_\gamma (v_x dy - v_y dx)(v_x - iv_y)$ é nula. Definindo uma função complexa $Z = \mathscr{F}_y + i\mathscr{F}_x$, vemos que $Z = -\frac{\rho}{2} \oint_\gamma \vec{v}^2(dx - idy)$. Desse modo, temos a seguinte expressão:

$$Z = -\left[\frac{\rho}{2}\right] \oint_\gamma \vec{v}^2(dx - idy) + 2i \oint_\gamma (v_x\, dy - v_y\, dx)(v_x - iv_y)$$

$$= -\left[\frac{\rho}{2}\right] \oint_\gamma \left[v_x^2 - 2iv_x\, v_y - v_y^2\right](dx + idy)$$

$$= -\left[\frac{\rho}{2}\right] \oint_\gamma \left[v_x - iv_y\right]^2 dz = -\left[\frac{\rho}{2}\right] \oint_\gamma \left[\frac{d\Omega}{dz}\right]^2 dz\,,$$

pois, como vimos antes, ao estudar as propriedades analíticas de $\Omega(z)$, $d\Omega/dz = \Omega'(z) = v_x - iv_y$.

Vejamos agora como calcular o momento das forças. Olhando a Fig. I.78 vemos que, sobre o elemento de área $d\vec{A}$, há uma força $d\vec{F} = p(x,y)\,d\vec{A} = p(x,y)\,ds\;dz\;\vec{n}$. Devido a $d\vec{F}$, surge um momento $d\vec{M} = \vec{r} \times d\vec{F} = \vec{r} \times ds\;\vec{n}\;dz\;p(x,y) = (x\vec{i} + y\vec{j}) \times (dx\vec{j} - dy\vec{i})\;p(x,y)\,dz = (xdx + ydy)\;p(x,y)\,dz\;\vec{k}$. Integrando $\oint_{(s)} d\vec{M}$, resulta $\vec{M} = M_z\vec{k} = L \oint_\gamma p(x,y)(xdx + ydy)$.

Definindo $\mathcal{M}_z = M_z/L$ = momento/comprimento, decorre, lembrando que $p(x,y) = C - \rho v^2/2$:

$$\mathcal{M}_z = \oint_\gamma (xdx+ydy)\ p(x,y) = \oint_\gamma \left[C - \frac{\rho v^2}{2}\right](xdx+ydy)$$

$$= 0 - \left[\frac{\rho}{2}\right] \oint_\gamma v^2(xdx+ydy).$$

Como $(x+iy)(dx-idy) = zdz^* = xdx + ydy + i(ydx-xdy)$, verifica-se que $\mathcal{R}e\,[zdz^*] = xdx + ydy$. Daí, $\mathcal{M}_z = \mathcal{R}e\left[-(\rho/2)\oint_\gamma v^2 z\, dz^*\right]$. Por outro lado, $dz = dx + idy = ds\,(\cos\theta + i \operatorname{sen}\theta) = ds\, e^{i\theta}$ e $dz^* = dx - idy = ds\,(\cos\theta - i \operatorname{sen}\theta) = ds\, e^{-i\theta}$.: $dz^* = dz\, e^{-2i\theta}$. Além disso, como ao longo de γ a velocidade $\vec{v}$ é paralela a $d\vec{s}$, devemos ter $v\, e^{-i\theta} = v_x - iv_y = (d\Omega/dz)$. Portanto $v^2 dz^* = v^2\, e^{-2i\theta}\, dz = (v\, e^{-i\theta})^2 dz = (d\Omega/dz)^2 dz$. Conseqüentemente $\mathcal{M}_z$ é dada por:

$$\mathcal{M}_z = \mathcal{R}e\left[-\left[\frac{\rho}{2}\right]\oint_\gamma \left[\frac{d\Omega}{dz}\right]^2 z\, dz\right].$$

As forças, $\mathcal{F}_x$ e $\mathcal{F}_y$, e o momento das forças, $\mathcal{M}_z$, escritos em função de $(d\Omega/dz)$ são conhecidos pelo nome de **fórmulas de Blasius–Chaplygin**. Repetindo:

$$\mathcal{F}_x - i\,\mathcal{F}_y = \frac{i\rho}{2}\oint_\gamma \left[\frac{d\Omega}{dz}\right]^2 dz\,, \tag{I.9.1}$$

$$\mathcal{M}_z = \mathcal{R}e\left[-\frac{\rho}{2}\oint_\gamma \left[\frac{d\Omega}{dz}\right]^2 z\, dz\right]. \tag{I.9.2}$$

A Eq. (I.9.1) chama–se **primeira fórmula** de Blasius–Chaplygin e a (I.9.2), **segunda fórmula** de Blasius–Chaplygin.

I.10. FÓRMULA DE KUTTA–JOUKOWSKY

Como as perturbações geradas pelo cilindro sobre o fluxo uniforme incidente devem se anular em regiões muito distantes do cilindro, devemos esperar que

$$w(z) \equiv v_x - iv_y = w_\infty + \frac{a_{-1}}{z} + \frac{a_{-2}}{z^2} + \cdots ,$$

onde $w_\infty = V_x - iV_y$. Como $d\Omega/dz = w(z)$, a forma geral de $\Omega(z)$ deve ser

$$\Omega(z) = a_0 + w_\infty z + a_{-1} \ln z - \frac{a_{-2}}{z} + \cdots$$

A circulação

$$\Gamma = \oint_\gamma \vec{v} \cdot d\vec{s} = \oint_\gamma \left[\frac{d\Omega}{dz}\right] dz ,$$

como veremos a seguir:

$$\oint_\gamma \left[\frac{d\Omega}{dz}\right] dz = \oint_\gamma \left[v_x - iv_y\right](dx + idy) = \oint_\gamma \left[v_x\, dx + v_y\, dy\right] + i \oint_\gamma \left[v_x\, dy - iv_y\, dx\right],$$

$$= \oint_\gamma \vec{v} \cdot d\vec{s} + i \oint_\gamma d\psi = \oint_\gamma \vec{v} \cdot d\vec{s} + 0,$$

pois, como já dissemos, o contorno do sólido é uma linha de corrente.

Mostraremos agora que $\Gamma = 2\pi i a_{-1}$:

$$\oint_\gamma \left[\frac{d\Omega}{dz}\right] dz = \oint_\xi \left[w_\infty + \frac{a_{-1}}{z} + \frac{a_{-2}}{z^2} + \cdots\right] dz ,$$

onde ξ é uma curva qualquer que envolve a secção reta $\gamma(x,y)$. Na Fig. I.79 mostramos uma circunferência de raio ρ, com centro em O, que escolhemos como sendo ξ. Neste caso, ao longo de $\bar{\xi}$, devemos ter $z = \rho e^{i\theta}$, donde, $dz = \rho i\, d\theta e^{i\theta} =$ $= izd\theta$. Desse modo, uma integral genérica com z^{-n} fica:

$$\oint_{\bar{\xi}} \frac{dz}{z^n} = \oint_{\bar{\xi}} \frac{id\theta}{z^{n-1}} = \frac{1}{\rho^{n-1}} \int_0^{2\pi} d\theta\, e^{-i(n-1)\theta} = 2\pi\, i\delta_{n,1} .$$

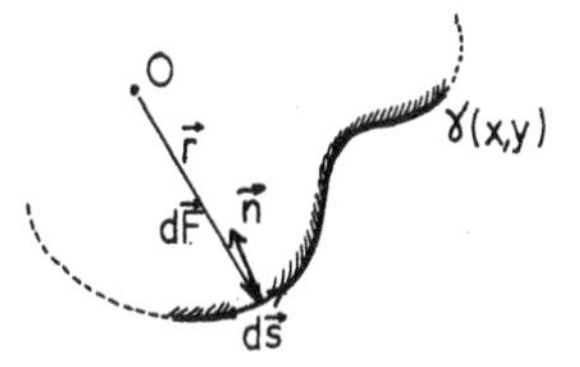

Fig. I.78

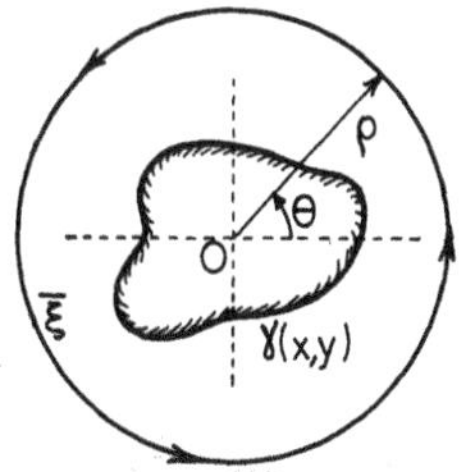

Fig. I.79

Conseqüentemente,

$$\Gamma = \oint_\gamma \left[\frac{d\Omega}{dz}\right] dz = 2\pi i\, a_{-1}\,,$$

donde decorre $a_{-1} = (\Gamma/2\pi i)$.

Agora estamos em condições de calcular $Z = \oint_\gamma (d\Omega/dz)^2\, dz$:

$$Z = -\frac{\rho}{2}\oint_\gamma \left[w_\infty^2 + \frac{2w_\infty \Gamma}{2\pi i}\,\frac{1}{z} + \frac{a}{z^2} + \frac{b}{z^3} + \cdots\right] dz$$

$$= -\frac{\rho}{2}\oint_\gamma \frac{2w_\infty \Gamma}{2\pi i}\,\frac{dz}{z} = -\,\rho\, w_\infty\, \Gamma\,.$$

Ou seja, $Z = \mathcal{F}_y + i\mathcal{F}_x = -\,\rho\, w_\infty\, \Gamma = -\,(V_x - iV_y)\,\Gamma\,\rho$, que dá, separando as partes real e imaginária,

$$\mathcal{F}_x = \rho\,\Gamma\, V_y \qquad \text{e} \qquad \mathcal{F}_y = -\,\rho\,\Gamma\, V_x\,. \tag{I.10.1}$$

A fórmula (I.10.1), que dá a **força de resistência** ($\mathcal{F}_x$) e a força de **sustenção** ($\mathcal{F}_y$), em função da circulação (Γ), denomina–se **fórmula de Kutta–Joukowsky**.

Quando um corpo está imerso em um fluxo irrotacional de um fluido ideal, vemos pela Eq. (I.10.1), que $\vec{F} = 0$. Isso ocorre porque, como foi demonstrado em (I.6.D), $\Gamma = 0$. O fato de um fluido ideal, nas condições de irrotacionalidade, não exercer nenhuma força sobre um corpo nele imerso denomina–se de **paradoxo de D'Alembert**. É óbvio que esse paradoxo não se refere à força de empuxo (Arquimedes), que sempre existirá na presença de um campo gravitacional.

I.11. TRANSFORMAÇÃO DE JOUKOWSKY

A transformação de Joukowsky é uma particular **transformação conforme** de fundamental importância para o estudo do escoamento de fluidos em torno de aerofólios. Antes de passarmos efetivamente à análise da referida transformação, façamos uma pequena recordação do que seja uma transformação conforme.

Como sabemos, uma função de variável complexa $F(z) = \xi(x,y) + i\eta(x,y)$, com $z = x+iy$, estabelece uma correspondência entre as regiões do plano $z \equiv (x,y)$ e do plano $\epsilon = (\xi,\eta)$. Assim, como vemos na Fig. I.80, a uma dada figura no plano z corresponde uma figura no plano ϵ.

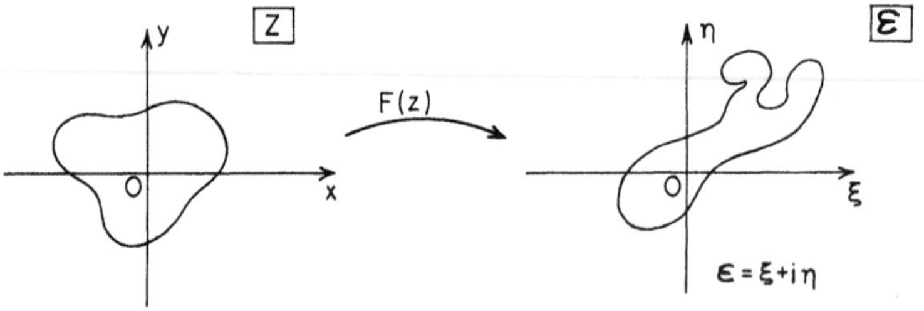

Fig. I.80

Se $F = F(z)$ for uma função analítica, isto é, se ela obedece às condições de homogeneidade de Cauchy-Riemann: $\partial\xi/\partial\chi = \partial n/\partial y$ e $\partial\xi/\partial y = -\partial n/\partial y$ (ou $\partial F / \partial\chi = -i\partial F/\partial y$) a transformação de uma figura do plano z em outra para o plano ε recebe o nome de transformação conforme. Nesse caso, nas vizinhanças infinitesimais de pontos correspondentes, a correspondência dada por $F(z)$, com $F'(z) \neq 0$, é una **semelhança direta**, isto é, ela conserva ângulos, em grandeza e sentido e proporcionalidade entre segmentos (vide Fig. I.81).

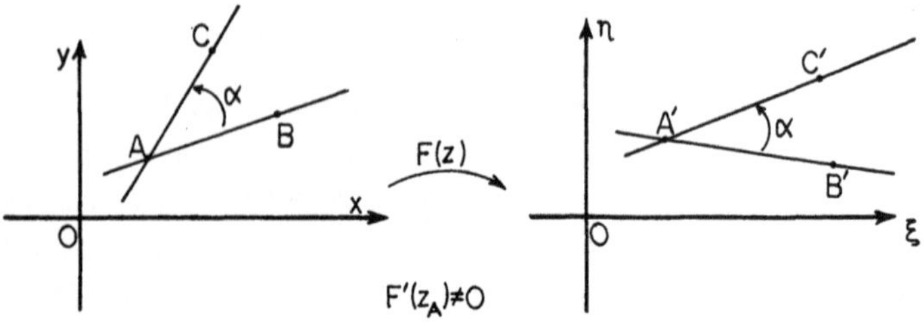

Fig. I.81

Vejamos alguns exemplos a fim de tornar claros os conceitos definidos acima.

1) Retas x = constante e y = constante e $F(z) = \cos z$

Como impusemos que $F(z) = \cos z = (e^{iz}+e^{-iz})/2 = (e^{ix-y}+e^{-ix+y})/2 = \cosh y \cos x - i \operatorname{senh} y \operatorname{sen} x \equiv \xi(x,y) + i\eta(x,y)$. Ou seja, $\xi(x,y) = \cosh y \cos x$ e $\eta(x,y) = \operatorname{senh} y \operatorname{sen} x$. Eliminando x nessas equações (ξ e η), temos: $\xi^2/\cosh^2 y + \eta^2/\operatorname{senh}^2 y = 1$ e, eliminando y, decorre $\xi^2/\cos^2 x - \eta^2/\operatorname{sen}^2 x = 1$. As curvas com x = constante se tornam, no plano ϵ, hipérboles com focos -1 e $+1$; as curvas com y = constante são transformadas em elipses com os mesmos focos. Sabemos, da geometria analítica, que essas cônicas confocais formam um sistema de curvas ortogonais (vide Fig. I.82).

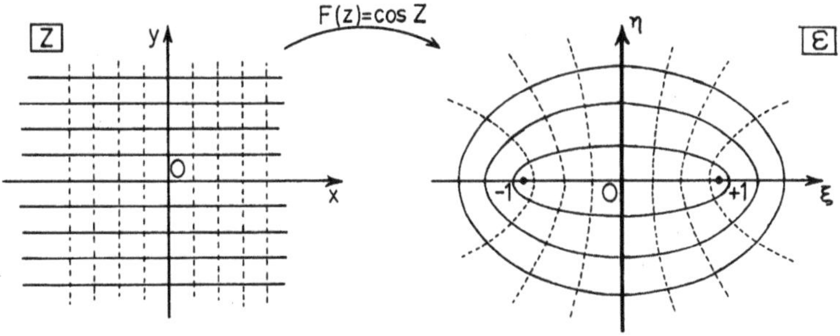

Fig. I.82

2) Hipérboles em z e $F(z) = az^2$

Como $F(z) = az^2 = (x^2-y^2)a + 2iaxy \equiv \zeta + i\eta$, vemos que $\xi = a(x^2-y^2)$ e $\eta = 2axy$. Assim, se no plano z tivermos hipérboles, x^2-y^2 = constante e xy = constante, no plano ϵ teremos retas ξ = constante e η = constante, conforme vemos na Fig. I.83.

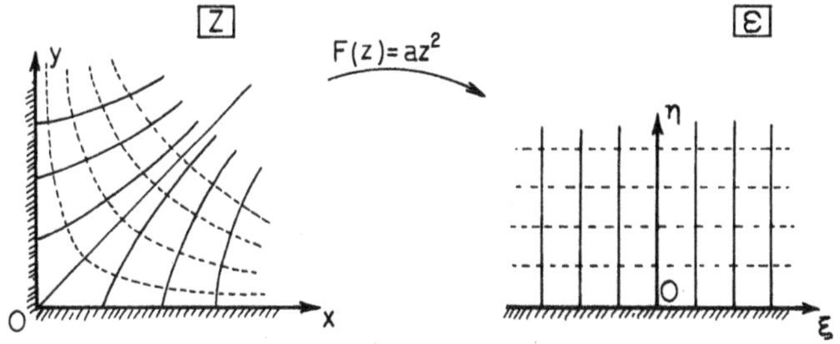

Fig. I.83

3) Circunferência *em z e F(ε)* α (ε + 1/ε)

Analisemos agora os casos

$$F_1(z) = \frac{d}{2}\left[\epsilon + \frac{1}{\epsilon}\right],$$

$$F_2(\epsilon) = i\frac{d}{2}\left[\epsilon + \frac{1}{\epsilon}\right]$$

$$F_3(\epsilon) = \frac{d}{2}(a-ib)\left[\epsilon + \frac{1}{\epsilon}\right],$$

representados na Fig. I.84, quando fazemos ϵ percorrer uma circunferência de **raio unitário** com centro na origem *O*. Ou seja, ϵ obedece à condição $\epsilon = e^{i\varphi}$.

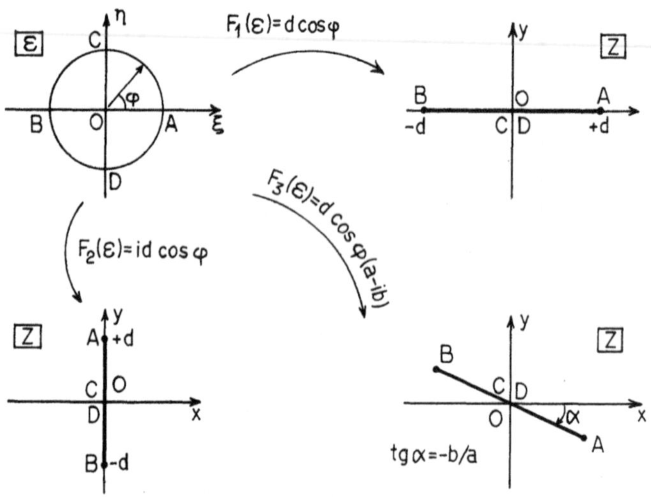

Fig. I.84

Nessas transformações, os pontos que estão sobre a circunferência e em seu interior se transformam em pontos sobre a reta no plano *z*. Os pontos exteriores à circunferência estão fora da reta transformada.

4) Transformação de Joukowsky

A transformação de Joukowsky é uma variação do caso anterior: a circunferência no plano ϵ tem raio *R* e centro no ponto $\epsilon_0 = -\xi_0 + i\eta_0$ e $F(\epsilon) = (d/2)(\epsilon + 1/\epsilon)$. Pode-se mostrar que, quando ϵ percorre a referida circunferência excêntrica, a figura descrita no plano z tem a forma de um perfil de asa de pássaro (ou de avião), conforme Fig. I.85.

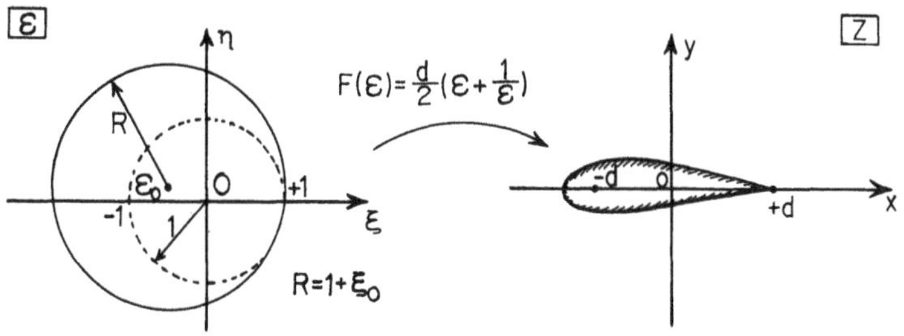

Fig. I.85

O perfil no plano z é denominado **perfil de Joukowski**; detalhes sobre os processos gráficos e numéricos, para o traçado desse perfil, podem ser vistos em vários textos (vide bibliografia) sobre Mecânica dos Fluidos. A transformação conforme mais geral utilizada na obtenção dos perfis de asas de avião tem a forma $F(\epsilon) = \epsilon + C_1/\epsilon + C_2/\epsilon^2 + \cdots$ A transformação de Joukowsky seria um caso particular desta, colocando-se $C_2 = C_3 = \cdots = C_n = 0$ $(n > 1)$.

Devemos notar que os pontos internos e sobre a circunferência no plano ϵ correspondem aos pontos internos e sobre o perfil. Os pontos externos à circunferência ficam externos ao perfil.

Aplicações

A transformação de Joukowsky é fundamental no estudo do escoamento de fluidos em torno de aerofólios. Se fôssemos estudar diretamente o escoamento em torno de um perfil de asa de avião impondo condições de contorno adequadas sobre tal perfil veríamos que a resolução do problema seria extremamente difícil. Entretanto, sabemos determinar $\Omega(z)$ no caso de um cilindro com uma secção reta que é uma circunferência de raio a. Assim, conhecendo o fluxo em torno do cilindro, podemos, através de uma **transformação conforme**, determinar o fluxo em torno de um outro perfil (tábua, asa de pássaro, etc.) admitindo que as condições de fluxo muito longe dos corpos sejam as mesmas (vide Fig. I.86).

Em outras palavras, conhecendo $\Omega(\epsilon)$ e $\epsilon = \epsilon(z)$, podemos determinar $\bar{\Omega}(z) = \Omega(\epsilon(z))$. Ora,

$$\frac{d\Omega}{d\epsilon} = v_\xi(\epsilon) - iv_\eta = \frac{d\bar{\Omega}}{dz} \cdot \frac{dz}{d\epsilon} \cdot$$

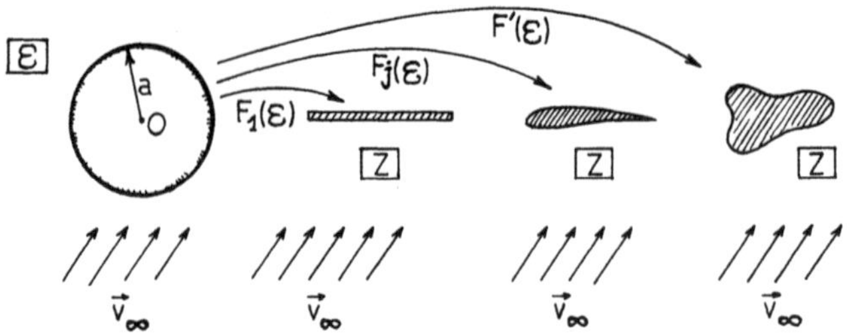

Fig. I.86

Como

$$\frac{d\bar{\Omega}}{dz} = v_x(z) - iv_y(z)$$

obtemos:

$$v_x(z) - iv_y(z) = \left[v_\xi(\epsilon) - iv_\eta(\epsilon)\right]\left[\frac{d\epsilon}{dz}\right]. \qquad \text{(I.11.1)}$$

I.12. TÁBUA EM UM FLUXO UNIFORME

Como aplicação simples da transformação de Joukowsky, veremos como obter o fluxo em torno de uma tábua quando esta é imersa em uma correnteza uniforme $\vec{V}$. De acordo com a Sec. I.11, devemos partir do escoamento em torno de um cilindro no plano ϵ (Fig. I.87).

Sabendo que, no caso do cilindro, **sem vórtice em torno da origem**, a função potencial $\Omega(\epsilon) = A(\epsilon\, e^{-i\alpha} + e^{i\alpha}/\epsilon)$, de acordo com o item I.7.N, precisamos determinar $\bar{\Omega}(z)$ para a tábua no plano z (Fig. I.87).

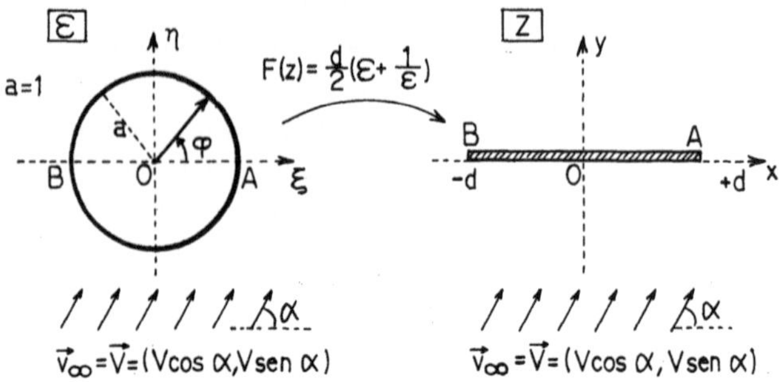

Fig. I.87

Segundo Eq. (I.11.1), precisamos calcular $d\epsilon/dz$. Ora, a transformação de Joukowsky é dada por $z = d\,(\epsilon + 1/\epsilon)/2$, de onde temos a inversa $\epsilon = z/d \pm \sqrt{(z/d)^2-1}$. Como devemos considerar somente pontos fora do cilindro ($|\epsilon| \geq 1$), basta levarmos em conta o sinal + da raiz. Assim, $d\epsilon/dz = (dz/d\epsilon)^{-1} = 2\epsilon^2/d(\epsilon^2-1)$. Como $d\Omega/d\epsilon = [v_\xi(\epsilon) - iv_\eta(\epsilon)] = A(e^{-i\alpha} - e^{i\alpha}/\epsilon^2)$, obtemos, de acordo com a Eq. (I.11.1):

$$v_x(z) - iv_y(z) = \left(\frac{2A}{d}\right)\left[\frac{\epsilon^2\, e^{-i\alpha} - e^{i\alpha}}{(\epsilon^2-1)}\right].$$

Quando $\epsilon \gg 1$, $v_x(z) - iv_y(z) \simeq (2A/d)e^{-i\alpha}$, o que nos permite concluir que $2A\ d = V$.

Portanto, $v_x(z) - iv_y(z) = V\,[e^{-i\alpha} - 2i \operatorname{sen}\alpha/(\epsilon^2-1)] = V\,[\cos\alpha - i \operatorname{sen} a(\epsilon^2+1)/(\epsilon^2-1)]$ ou, ainda,

$$v_x(z) - iv_y(z) = V\left[\frac{\cos\ \alpha\ -\ iz\ \operatorname{sen}\ \alpha}{\sqrt{z^2-d^2}}\right].$$

Para especificarmos completamente o campo de velocidades, precisamos separar as partes real e imaginária de $z/\sqrt{z^2-d^2}$. Ora, $z^2-d^2 = (x^2-y^2-d^2) + 2ixy = R\,e^{i\psi}$, onde $R = [(x^2-y^2-d^2) + 4x^2y^2]^{1/2}$ e $\psi = \operatorname{tg}^{-1}(2xy/x^2-y^2-d^2)$, resultando, finalmente:

$$\begin{cases} v_x(z) = V[\cos\alpha \pm (y\ \cos(\psi/2) + x\ \operatorname{sen}(\psi/2))\ \operatorname{sen}\alpha/R^{1/2}], \\ v_y(z) = \pm\ V[x\ \operatorname{sen}(\psi/2)\ -\ y\ \cos(\psi/2)]\ \operatorname{sen}\ \alpha/R^{1/2}, \end{cases}$$

onde o sinal + (–) corresponde à face superior (inferior) da tábua.

O fluxo no plano Z seria então representado pela Fig. I.88, onde os pontos x_+ e x_- são de estagnação. Através de $\vec{v}(z)$, notamos que para $|z| \to \infty$, $v_x \to V\cos\alpha$, $v_y \to V \operatorname{sen}\alpha$ e $p \to p_\infty$, lembrando que $p(x,y) = p_\infty + \rho(\vec{V}^2 - \vec{v}^2)/2$.

Sobre a tábua, isto é, $y = 0$ e $-d \leq x \leq d$, temos

$$v_x(z) - iv_y(z) = V\left[\cos\alpha - \frac{ix\ \operatorname{sen}\ \alpha}{\sqrt{x^2-d^2}}\right]$$

$$= V\left[\cos\alpha \mp \frac{x\ \operatorname{sen}\ \alpha}{\sqrt{d^2-x^2}}\right],$$

donde vemos que $v_y = 0$, como era de se esperar. A pressão $p(x,y = 0)$ é dada por:

$$p(x,0) = p_\infty + \frac{\rho V^2}{2}\left[\frac{d^2-2x^2}{d^2-x^2}\,\mathrm{sen}^2\alpha \pm 2x\,\frac{\mathrm{sen}\ \alpha\ \cos\ \alpha}{\sqrt{d^2-x^2}}\right].$$

Os pontos de estagnação $x_\pm$ são obtidos através da equação $v_x(x_\pm,0) = 0$, ou seja, são raízes da equação $\cos\alpha \mp x\,\mathrm{sen}\,\alpha/\sqrt{d^2-x^2} = 0$. Vemos, portanto, que $x_\pm = \pm\, d/\sqrt{1+\mathrm{tg}^2\alpha}$.

As extremidades da tábua, $x = +d$ e $x = -d$, geram $v_x(\pm d) \to \infty$, como era previsto, de acordo com o que estudamos na Sec. I.7.O.

Calculando a força total $\vec{F}$ sobre a tábua:

$$\vec{F} = \oint_{(S)} p(x,0)\,d\vec{A}\,,$$

onde $d\vec{A} = \pm\, dx\,A\,L\,\vec{j}$ e L é o comprimento da tábua. Desse modo,

$$\vec{\mathcal{F}} = \frac{\vec{F}}{L} = \int_{-d}^{+d} p_-(x,0)\,dx\vec{j} - \int_{-d}^{+d} p_+(x,0)\,dx\vec{j} = \vec{j}\int_{-d}^{+d} [p_-(x,0) - p_+(x,0)\,dx$$

$$= 2\ \mathrm{sen}\ \alpha \cos\alpha\,\rho\, V^2 \int_{-d}^{+d} \frac{x dx}{\sqrt{d^2-x^2}} = 0.$$

Através da fórmula de Kutta–Joukowsky teríamos chegado à mesma conclusão, pois a circulação Γ em torno da placa é nula.

I.13. TÁBUA EM FLUXO UNIFORME & VÓRTICE

Suporemos agora que, em torno do cilindro no plano ϵ, temos, além do fluxo uniforme, um vórtice com intensidade Γ não–conhecida **a priori**. Nesse caso, conforme as Secs. I.7.P e I.12, a função $\Omega(\epsilon)$ será: $\Omega(\epsilon) = Vd\,(\epsilon\, e^{-i\alpha} + e^{i\alpha}/\epsilon)/2 -$ $- (i\Gamma/2\pi)\ln\epsilon$.

Seguindo o que foi desenvolvido em I.11 teremos:

$$\frac{d\Omega(z)}{dz} = v_x(z) - iv_y(z) = \left[\frac{d\Omega(\epsilon)}{d\epsilon}\right]\left[\frac{d\epsilon}{dz}\right] = \left[\frac{Vd(e^{-i\alpha} - e^{i\alpha}/\epsilon^2)}{2} - \frac{i\Gamma}{2\pi}\right]\cdot\left[\frac{d}{2}\left[1-\frac{1}{\epsilon^2}\right]\right]^{-1}$$

A constante Γ será determinada impondo que a velocidade no ponto $(d,0)$ seja finita. Essa condição, denominada de **condição de Joukowsky**, tem por finalidade eliminar a divergência da velocidade no bordo de fuga A da tábua, conforme foi visto em I.12. É um artifício que será esclarecido, do ponto de vista físico, quando estudarmos os fluidos reais. O ponto $A \equiv (d,0)$ no plano z corresponde ao ponto $(1,0)$ no plano ϵ. Isso implica, olhando $d\bar{\Omega}/dz$ dada acima, que, para termos $\vec{v}(z)$ finita em A, deve ser obedecida a igualdade $Vd(e^{-i\alpha}-e^{i\alpha})/2 - i\Gamma/2\pi = 0$; ou seja, a constante Γ deve ser dada por $\Gamma = -2\pi d V \operatorname{sen} \alpha$. Usando essa determinação em $d\bar{\Omega}/dz$ ficaremos com:

$$\frac{d\bar{\Omega}}{dz} = \left[\frac{Vd(e^{-i\alpha}-e^{i\alpha}/\epsilon^2)}{2}\right]\left[\frac{d(1-1/\epsilon^2)}{2}\right]^{-1} + \left[\frac{iVd \operatorname{sen} \alpha}{\epsilon}\right]\cdot\left[\frac{d(1-1/\epsilon^2)}{2}\right]^{-1},$$

isto é

$$v_x(z) - iv_y(z) = V\left[\cos\alpha - \frac{iz \operatorname{sen}\alpha}{\sqrt{z^2-d^2}}\right] + \frac{iVd \operatorname{sen}\alpha}{\sqrt{z^2-d^2}}.$$

Considerando os pontos sobre a superfície da tábua $y = 0$ e $-d \le x \le d$, teremos, levando em conta que $\sqrt{x^2-d^2}$ é imaginário puro: $v_y(x,0) = 0$ e $v_x(x,0) =$ $= V[\cos\alpha \pm \operatorname{sen}\alpha\sqrt{(d-x)/(d+x)}\,]$, onde o sinal + (−) corresponde à face superior (inferior).

Assim, pode–se verificar que, quando $x = +d$, $av_x(d,0) = V\cos\alpha$, que é um valor finito para a velocidade. No ponto $x = -d$ ainda temos $|v_x(-d,0)| \to \infty$.

A pressão sobre a tábua, dada por Bernouilli, fica:

$$p(x,0) = p_\infty + \frac{\rho(\vec{V}^2-\vec{v}^2(x,0))}{2} = p_\infty + \frac{\rho V^2}{2}\cdot\left[\frac{2x}{d+x}\operatorname{sen}^2\alpha \pm 2\cos\alpha \operatorname{sen}\alpha\sqrt{\frac{d-x}{d+x}}\right].$$

Com $p(x,0)$ podemos calcular a força exercida pelo fluido sobre a tábua:

$$\frac{\vec{F}}{L} = \vec{\mathcal{F}} = \int_{-d}^{+d} p_-(x)\,dx\vec{j} - \int_{-d}^{+d} p_+(x)\,dx\vec{j}$$

$$= 2\rho V^2 \operatorname{sen}\alpha\cos\alpha \int_{-d}^{+d}\sqrt{\frac{d-x}{d+x}}\,dx\vec{j}$$

$$= 2\pi\rho d V^2 \operatorname{sen}\alpha\cos\alpha\,\vec{j} = \mathcal{F}_y\,\vec{j}.$$

Em nosso cálculo, $\mathcal{F}_x = 0$, pois, supomos a dimensão da tábua na direção x nula. Por outro lado, usando as relações gerais para $\mathcal{F}_y$ e $\mathcal{F}_x$ dadas pela fórmula de Kutta–Joukowsky (I.10.1):

$$\begin{cases} \mathcal{F}_y = -\ \rho\Gamma V_x = \rho(2\pi Vd \text{ sen } \alpha)(\,V\cos\,\alpha) \;=\; 2\pi V^2 d \text{ sen } \alpha \cos\alpha, \\ \mathrm{F}_x = \rho\Gamma V_y \;=-\,\rho(2\pi Vd \text{ sen } \alpha(V \text{ sen } \alpha) \;=\; -\,2\pi\rho V^2 d \text{ sen}^2\alpha. \end{cases}$$

A força $\mathcal{F}_x$, que é a força de "resistência" (ou "*drag*"), é gerada por uma sucção no sentido oposto ao versor $\vec{i}$. Na borda de ataque B da prancha temos $|\vec{v}| \to \infty$ e, na borda de fuga A, temos $v_x = V\cos\alpha$, o que dá origem a uma diferença de pressões entre A e B, que tende a empurrar a prancha no sentido de A para B. Na Fig. I.89 representamos as forças de resistência $\mathcal{F}_x$ (ou "*drag*") e $\mathcal{F}_y$ de sustentação (ou "*lift*"). Notemos que, de acordo com a fórmula de Kutta–Joukowsky, a condição $\vec{\mathcal{F}}\cdot\vec{V} = 0$ deve estar satisfeita.

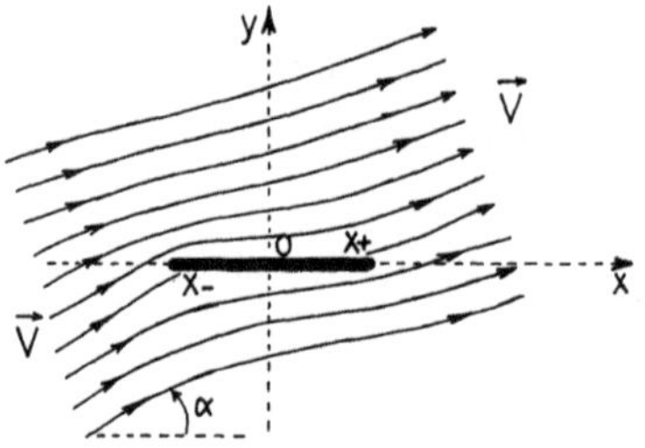

Fig. I.88

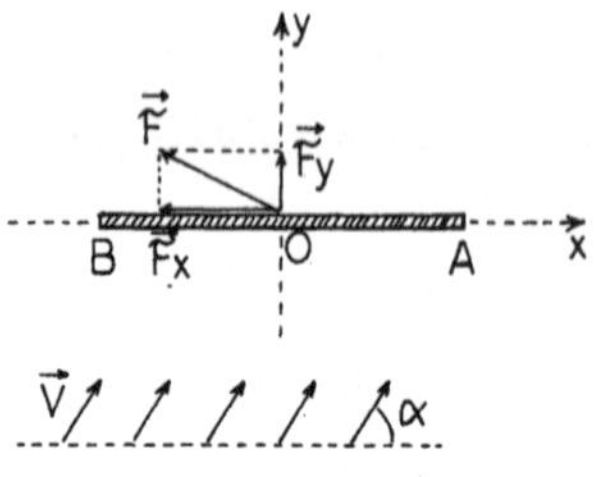

Fig. I.89

Calculemos o momento $\vec{M}$ das forças em relação a O:

$$\vec{M} = \oint_{(S)} \vec{r} \times d\vec{F} = \oint_{(S)} \vec{r} \times p(x,0)\,d\vec{A}$$

$$= L\left[\int_{-d}^{+d} x\vec{i}\,xp\_(x)\;dx\;\vec{j} - \int_{-d}^{+d} x\vec{i}\,xp_+(x)\;dx\;\vec{j}\right]$$

$$= L\left[\int_{-d}^{+d} xp\_(x)dx - \int_{-d}^{+d} xp_+(x)dx\right]\vec{k}\,.$$

Como o único termo que dá uma contribuição não–nula é

$$\int_{-d}^{+d} x\sqrt{\frac{d-x}{d+x}}\;dx = -\frac{\pi d^{\,2}}{2}$$

ficamos com

$$\vec{\mathcal{M}} = -\rho V^2 \cos\alpha \operatorname{sen}\alpha\, \pi d^{\,2}\vec{k} = -\mathcal{F}\,\frac{d}{2}\cos\alpha\,\vec{k}.$$

Portanto o ponto de aplicação da força está no ponto $x = d/2$, conforme a Fig. I.90.

O fluxo resultante, representado na Fig. I.91, é gerado pela superposição de dois escoamentos vistos na Fig. I. 92.

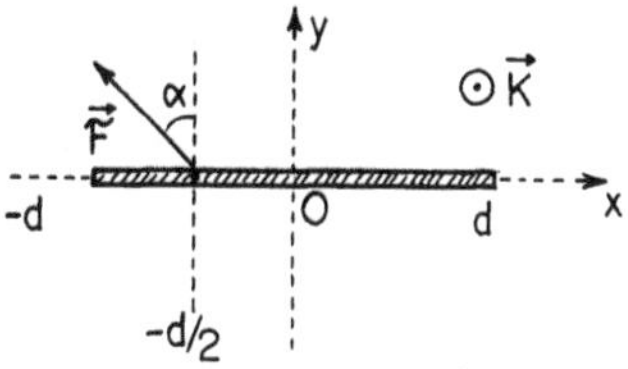

Fig. I.90

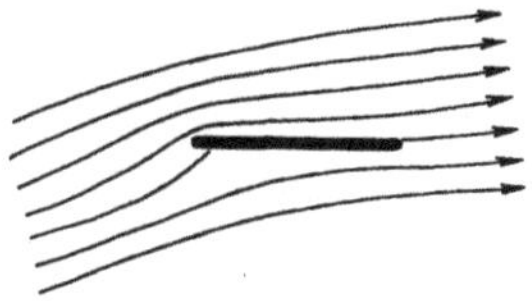

Fig. I.91

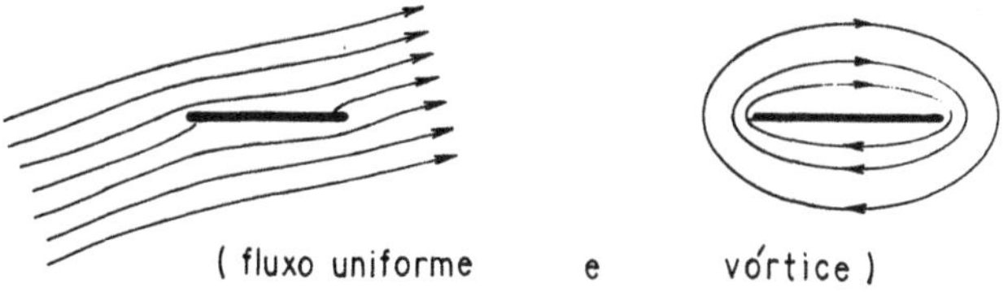

Fig. I.92

I.14. FORÇAS E MOMENTO SOBRE UM AEROFÓLIO

Segundo a Sec. (I.11), um aerofólio no plano ϵ pode ser obtido através de uma transformação conforme $\epsilon = F(z) = z + C_1/z + C_2/z^2 + C_3/z^3 + \cdots$, partindo de uma circunferência excêntrica no plano z (Fig. I.93).

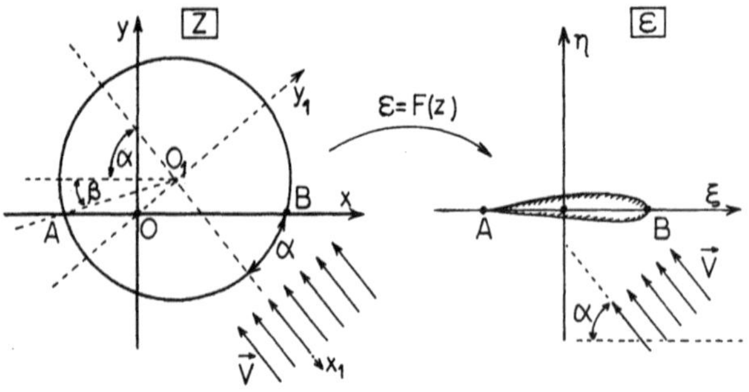

Fig. I. 93

Supondo que o cilindro está submetido a um fluxo uniforme $\vec{V}$ e que em torno do ponto O_1 do sistema de coordenadas auxiliar (x_1,y_1), há um vórtice de intensidade Γ, a função $\Omega_1(z_1) = v_{x_1} - iv_{y_1} = -V(z_1 + a^2/z_1) - (i\Gamma/2\pi)\ln z_1$, onde a é o raio do cilindro.

A constante Γ será determinada, como na Sec. I.13, assumindo–se $\vec{v}(z_A) = 0$. Essa condição, denominada **condição de Joukowsky**, como vimos, implica que $\vec{v}(\epsilon_A)$ seja finita. Ora, em relação ao sistema, (x_1,y_1), $\vec{v}(z_A) = 0$ determina:

$$\begin{cases} v_{r_1} = -V\left[1 - \frac{a^2}{r_1^2}\right]\cos\theta_1 = 0, \\ v_{\theta_1} = V\left[1 + \frac{a}{r_1^2}\right]\operatorname{sen}\theta_1 + \frac{\Gamma}{2\pi r_1} = 0. \end{cases}$$

Como $r_1 = a$ e $\theta_1 = \pi+\alpha+\beta$, de $v_{\theta_1} = 0$, tiramos: $\Gamma = -4\pi a V \operatorname{sen}[\pi+\alpha+\beta]$, ou seja,

$$\Gamma = 4\pi a V \operatorname{sen}(\alpha+\beta). \tag{I.14.1}$$

Para calcularmos as forças $(\mathscr{F}_\xi, \mathscr{F}_\eta)$ e o momento $(\mathscr{M}_\pi)$ sobre o aerofólio usaremos as equações de Blasius–Chaplygin (I.9.1) e (I.9.2):

$$\mathscr{F}_\xi - i\,\mathscr{F}_\eta = \frac{i\rho}{2}\oint_\gamma \left[\frac{d\Omega}{d\epsilon}\right]^2 d\epsilon,$$

$$\mathscr{M}_\pi = Re\left[-\frac{\rho}{2}\oint_\gamma \left[\frac{d\Omega}{d\epsilon}\right]^2 \epsilon\, d\epsilon\right],$$

onde a coordenada π é ortogonal ao plano (ξ,η).

Para efetuarmos as integrações em torno da curva γ, que é o perfil do aerofólio, precisamos levar em conta que $\epsilon = z + C_1/z + \cdots$ e, portanto, que $d\epsilon = dz\,(1 - C_1/z^2 - 2C_2/z^3 + \cdots)$. Além disso, temos de efetuar a seguinte derivação

$$\frac{d\Omega(\epsilon)}{d\epsilon} = \frac{d\bar{\Omega}(z_1)}{dz_1}\cdot\frac{dz_1}{d\epsilon} = \left[-V + \frac{a^2 V}{z_1^2} - \frac{i\Gamma}{2\pi z_1}\right]\frac{dz_1}{d\epsilon}.$$

Para passarmos de $z_1 \to z$ vamos usar o seguinte esquema de transformações (vide Fig. I.94) onde $\overline{OA} = -k$, $re^{i\theta} = -k + a\,e^{i\beta} + r_1\,e^{i(\theta_1-\alpha)} = (a\,e^{i\beta} - k) + e^{-i\alpha}\,r_1\,e^{i\theta_1}$, ou seja, $z = (a\,e^{i\beta} - k) + z_1\,e^{-i\alpha}$, donde tiramos $z_1 = [z - (a\,e^{i\beta} - k)]e^{i\alpha}$. Daí, concluímos que $dz_1 = e^{i\alpha}\,dz$. Deste modo:

$$\frac{d\Omega}{d\epsilon} = \left[-V + \frac{a^2\,e^{2i\alpha}}{[z-(ae^{i\beta}-k)]^2} - \frac{\Gamma\,e^{-i\alpha}}{2\pi[z-(ae^{i\beta}-k)]^2}\right]e^{i\alpha}\frac{dz}{d\epsilon}.$$

Porém, como $[z-(ae^{i\beta}-k)]^{-1} = z^{-1}[1-(ae^{i\beta}-k)/z]^{-1} = 1/z + (ae^{i\beta}-k)/z^2 + \cdots$ e $dz/d\epsilon = (d\epsilon/dz)^{-1} = (1 - C_1/z - 2C_2/z^2 + \cdots)^{-1} = 1 + C_1/z^2 + \cdots$, vemos que $d\Omega/d\epsilon$, levando em conta somente termos até $1/z^2$, é dada por:

$$\frac{d\Omega}{d\epsilon} = \left[-V + a^2 V e^{-2i\alpha}\left[\frac{1}{z^2} + \cdots\right] - \frac{i\Gamma e^{-i\alpha}}{2\pi}\left[\frac{1}{z} + \frac{ae^{i\beta}-k}{z^2} + \cdots\right]\right]\cdot$$

$$\cdot\, e^{i\alpha}\left[1 + \frac{C_1}{z^2} + \cdots\right]$$

$$= -\left[Ve^{i\alpha} + \frac{i\Gamma}{2\pi z} + \left\{\frac{i\Gamma(ae^{i\beta}-k)}{2\pi} - a^2Ve^{-i\alpha} + c_1 Ve^{i\alpha}\right\}\frac{1}{z^2} + \cdots\right],$$

que, elevando ao quadrado, dá:

$$\left[\frac{d\Omega}{d\epsilon}\right]^2 = V^2\,e^{2i\alpha} + \frac{iV\,\Gamma\,e^{i\alpha}}{\pi z} + \left[\frac{iaV\,\Gamma\,e^{i(\alpha+\beta)} - ik\,\Gamma\,e^{i\alpha}}{\pi} +\right.$$

$$\left. -2a^2V^2 + 2c_1V^2\,e^{2i\alpha} - \frac{\Gamma^2}{4\pi^2}\right]\frac{1}{z^2} + \cdots$$

$$= k_0 + \frac{k_1}{z} + \frac{k_2}{z^2} + \cdots,$$

onde

$$k_0 = V^2\,e^{2i\alpha} \quad , \quad k_1 = \frac{iV\,\Gamma\,e^{i\alpha}}{\pi}$$

e

$$k_2 = \frac{ia\,\Gamma\,V\,e^{i(\alpha+\beta)}}{\pi} - \frac{ikV\,\Gamma\,e^{i\alpha}}{\pi} - 2a^2V^2 + 2c_1V^2\,e^{2i\alpha} - \frac{k^2}{4\pi^2}.$$

Desse modo, como $d\epsilon = dz\,(1 - C_1/z^2 + \cdots)$, decorre:

$$\mathcal{F}_\xi - i\,\mathcal{F}_\eta = \left[\frac{i\rho}{2}\right] \oint_\gamma \left[\frac{d\Omega}{d\epsilon}\right]^2 d\epsilon$$

$$= \left[\frac{i\rho}{2}\right] \oint_\gamma \left[k_0 + \frac{k_1}{z} + \frac{k_2}{z^2} + \cdots\right]\left[1 - \frac{C_1}{z^2} + \cdots\right] dz$$

$$= \left[\frac{i\rho}{2}\right] \oint_\gamma \left[\cdots + \frac{k_1}{z} + \cdots\right] dz = \frac{i\rho}{2}\,(2\pi i k_1)$$

ou seja

$$\mathcal{F}_\xi - i\,\mathcal{F}_\eta = -\,\pi\rho\left[\frac{iV\Gamma\ell^{i\alpha}}{\pi}\right] = -i\rho V\Gamma\ell^{i\alpha}$$

de onde tiramos:

$$\begin{cases} \mathcal{F}_\xi = \rho V \Gamma \text{ sen } \alpha = 4\pi a V^2 \rho \text{ sen}(\alpha+\beta) \text{ sen } \alpha, \\ \mathcal{F}_\eta = \rho V \Gamma \cos \alpha = 4\pi a V^2 \rho \text{ sen}(\alpha+\beta) \cos \alpha, \end{cases} \tag{I.14.2}$$

pois, segundo a Eq. (I.14.1), a circulação Γ é dada por $\Gamma = 4\pi a V \text{sen}(\alpha+\beta)$.

As forças $\mathcal{F}_\xi$ e $\mathcal{F}_\eta$ estão representados na Fig. I.95. O momento das forças, $\mathcal{M}_\pi$, será dado por:

$$\mathcal{M}_\pi = Re\left[-\frac{\rho}{2}\oint_\gamma \left[k_0 + \frac{k_1}{z} + \frac{k_2}{z^2} + \cdots\right]\left[z + \frac{C_1}{z} + \frac{C_2}{z^2} + \cdots\right]\left[1 - \frac{C_1}{z^2} + \cdots\right] dz\right]$$

$$= Re\left[-\frac{\rho}{2}\oint_\gamma \left[k_0 + \frac{k_1}{z} + \frac{k_2}{z^2} + \cdots\right]\left[z + \frac{C_1}{z} + \frac{C_2}{z^2} - \cdots\right] dz\right]$$

$$= Re\left[-\frac{\rho}{2}\oint_\gamma \left[\cdots + \frac{k_2}{z} + \cdots\right] dz\right].$$

Enfim, $\mathcal{M}_\pi$ se reduz a

$$\mathcal{M}_\pi = Re\Big[-\,i\pi\rho k_2\Big]. \tag{I.14.3}$$

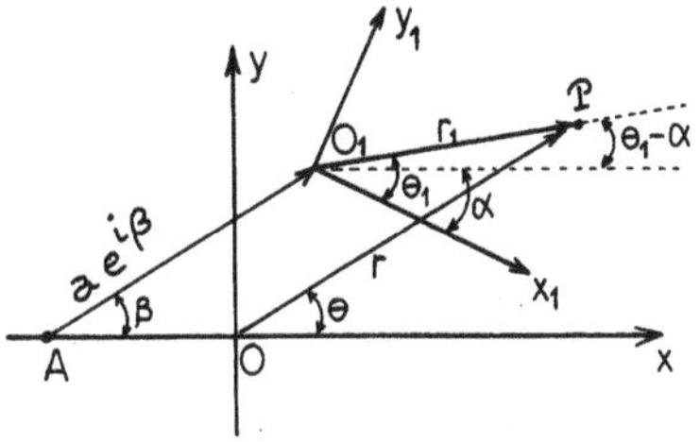

Fig. I.94

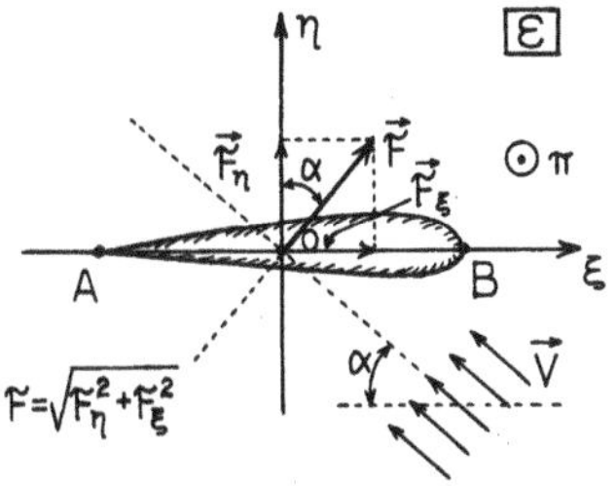

Fig. I.95

I.15. ONDAS SUPERFICIAIS EM LÍQUIDOS

Quando a superfície livre de um líquido em equilíbrio submetido a um campo gravitacional uniforme é perturbada, a perturbação se propaga sob a forma de ondas. Como veremos, elas evoluem essencialmente na superfície, diminuindo de intensidade com a profundidade.

Consideraremos somente as ondas que surgem quando, na equação de Euler (I.1.1), o termo não linear $(\vec{v}\cdot\nabla)\vec{v}$ for desprezível comparado com $\partial\vec{v}/\partial t$. Como mostraremos **a posteriori**, isso significa que as ondas devem ter comprimentos muito maiores que as suas amplitudes. Ora, se $(\vec{v}\cdot\nabla)\vec{v}$ puder ser desprezado, a equação de Euler, no caso isentrópico, se reduz a $\partial\vec{v}/\partial t = -\nabla(\mathrm{h}+\phi)$. Aplicando $\nabla \times (\cdots)$ em ambos os membros dessa equação, decorre $\partial(\nabla \times \vec{v})/\partial t = 0$, donde tiramos $\nabla \times \vec{v}(\vec{r},t) = \text{constante} = \vec{C}$. Porém, admitindo que o movimento seja oscilatório, a média temporal de $\vec{v}$ deve ser nula, resultando daí que $\vec{C} = 0$. Isso implica que um fluido submetido a pequenas vibrações pode ser descrito, numa primeira aproximação, por um fluxo potencial pois $\nabla \times \vec{v}(\vec{r},t) = 0$.

Assim, sendo o fluxo potencial $(\vec{v} = \nabla\varphi(\vec{r},t))$ e admitindo-se o fluido incompressível, a Eq. (I.1.1), $\partial\vec{v}/\partial t = -\nabla p/\rho + \nabla\phi$ se reduz a

$$\frac{\partial\varphi}{\partial t} = -\frac{p}{\rho} - gz\,. \tag{I.15.1}$$

Como de costume, o eixo z é orientado verticalmente para cima, (x,y) representam a superfície plana de equilíbrio e h é a profundidade do líquido (vide Fig. I.96). Como $(v_z)_{z=-h} = 0$, devemos ter $(\partial\varphi/\partial z)_{z=-h} = 0$. Além disso, vamos indicar por ξ a coordenada z dos pontos da superfície livre do fluido durante as oscilações; ξ é uma função de x, z e t.

Convém observar que não estamos levando em conta **tensão superficial** do líquido na Eq. (I.15.1); isso será feito na Sec. 15.A.

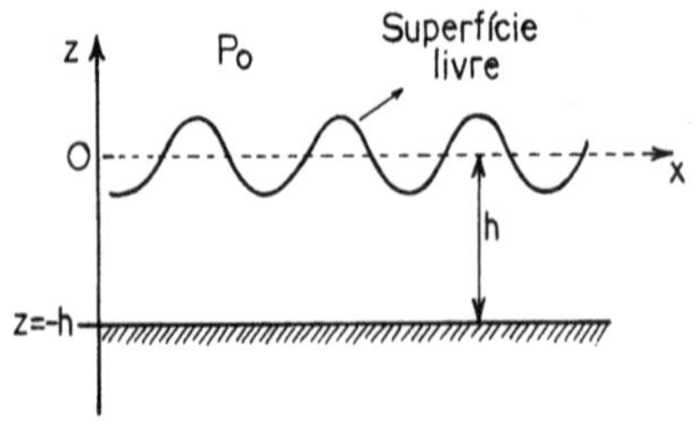

Fig. I.96

Como na superfície livre age uma pressão constante p_0, a Eq. (I.15.1) nos permite escrever: $p_0 = -\rho g\xi - \rho(\partial\varphi/\partial t)_{z=\xi}$. Sendo o nosso sistema invariante, por uma transformação $\varphi' = \varphi + p_0 t/\rho$, pois $\vec{v} = \nabla\varphi = \nabla\varphi'$, obtemos a seguinte **equação para a superfície livre:**

$$g\,\xi - \left[\frac{\partial\varphi}{\partial t}\right]_{z=\xi} = 0. \qquad \text{(I.15.2)}$$

Supondo a amplitude ξ pequena, podemos pôr $(v_z)_{z=\xi} = \partial\xi/\partial t$. Lembrando que $v_z = \partial\varphi/\partial z$, a Eq. (I.15.2) fica:

$$g\,\frac{\partial\xi}{\partial t} + \left[\frac{\partial^2\varphi}{\partial t^2}\right]_{z=\xi} = \left[g\,\frac{\partial\varphi}{\partial z} + \frac{\partial^2\varphi}{\partial t^2}\right]_{z=\xi} = 0.$$

Por ser ξ pequeno, tomaremos a expressão entre parênteses acima, no ponto $z = 0$, ao invés de $z = \xi$. Desse modo, temos o seguinte sistema de equações, que deve ser obedecido para $\varphi(\vec{r},t)$:

$$\nabla^2\varphi = 0 \qquad \text{(A) (fluxo potencial e fluido incompressível}$$

$$\left[\frac{\partial^2\varphi}{\partial t^2} + g\,\frac{\partial\varphi}{\partial z}\right]_{z=0} = 0 \qquad \text{(B) (equação da superfície livre)}$$

$$\left[\frac{\partial\varphi}{\partial z}\right]_{z=-h} = 0 \qquad \text{(C) (equação do fundo do líquido)}$$

(I.15.3)

Considerando a superfície livre ilimitada e que a propagação ondulatória seja somente ao longo de x, φ pode ser escrita como:

$$\varphi = \varphi(x,z,t) = f(z)\cos(kx-\omega t)$$

onde $T = 2\pi/\omega$ e $k = 2\pi/\lambda$, sendo T o período e λ o comprimento da onda. Substituindo esse $\varphi(x,z,t)$ na Eq. (A): $\partial^2\varphi/\partial x^2 + \partial^2\varphi/\partial z^2 = 0$, resulta $d^2f/dz^2 - k^2f = 0$, que tem como solução geral $f(z) = \alpha\, e^{kz} + \beta\, e^{-kz}$. Desse modo,

$$\varphi(x,z,t) = \left[\alpha\, e^{kz} + \beta\, e^{-kz}\right]\cos(kx-\omega t). \tag{I.15.4}$$

Porém, como a Eq. (C) deve ser satisfeita, temos $\beta = \alpha\, e^{-2kh}$. Substitutindo esse resultado em (I.15.4), ficamos finalmente com

$$\varphi(x,z,t) = A\, e^{-kh}\cosh[k(z+h)]\cos(kx-\omega t). \tag{I.15.5}$$

Como também (B) deve ser obedecida, decorre

$$\omega^2 = kg\,\mathrm{tgh}[k(z+h)] \tag{I.15.6}$$

através da qual podemos calcular a velocidade de grupo $U = \partial\omega/\partial k$ e a velocidade de fase $V = \omega/k$:

$$\left.\begin{aligned} U &= \left[\frac{\partial\omega}{\partial k}\right]_{z=0} = \frac{\sqrt{g}}{2\sqrt{k\ \mathrm{tgh}(hk)}}\left\{\mathrm{tgh}(hk) + \frac{kh}{\cosh^2(hk)}\right\}, \\ V^2 &= \left[\frac{\omega}{k}\right]^2_{z=0} = \left[\frac{g}{k}\right]\mathrm{tgh}(hk)\ . \end{aligned}\right\} \tag{I.15.7}$$

Através da Eq. (I.15.5) podemos calcular as velocidades v_x e v_z de uma partícula do fluido:

$$\left.\begin{aligned} v_x &= \frac{\partial\varphi}{\partial x} = -\ A\, e^{-kh}k\cos[k(z+h)]\,\mathrm{sen}(kx-\omega t), \\ v_z &= \frac{\partial\varphi}{\partial z} = A\, e^{-kh}k\,\mathrm{senh}[k(z+h)]\cos(kx-\omega t), \end{aligned}\right\} \tag{I.15.8}$$

Essas expressões mostram que as partículas do fluido executam movimentos harmônicos em torno dos pontos de equilíbrio x_0 e z_0, dados por:

$$x - x_0 = -A\, e^{-kh}\, \left(\frac{k}{\omega}\right) \cos[k(h+z)]\, \cos(kx-\omega t) = -\,a(z)\, \cos(kx-\omega t),$$

$$z - z_0 = -A\, e^{-kh}\, \left(\frac{k}{\omega}\right) \operatorname{senh}[k(h+z)]\, \operatorname{sen}(kx-\omega t) = -\,b(z)\, \operatorname{sen}(kx-\omega t).$$

As amplitudes dos movimentos são $a(z)$ e $b(z)$:

$$a(z) = A\, e^{-kh}\, \frac{\cosh[k(h+z)]}{V}$$

e

$$b(z) = A\, e^{-kh}\, \frac{\operatorname{senh}[k(h+z)]}{V},$$

que decrescem rapidamente com a profundidade z. De acordo com as equações acima, as partículas descrevem trajetórias elípitas dadas por $(x-x_0)^2/a^2(z) + (z-z_0)^2/b^2(z) = 1$ e que são mostradas na Fig. I.97. Na superfície ($z = 0$), as trajetórias são círculos com raio $R_0 = A/V$ quando $kh \gg 1$, que é o caso ilustrado na figura.

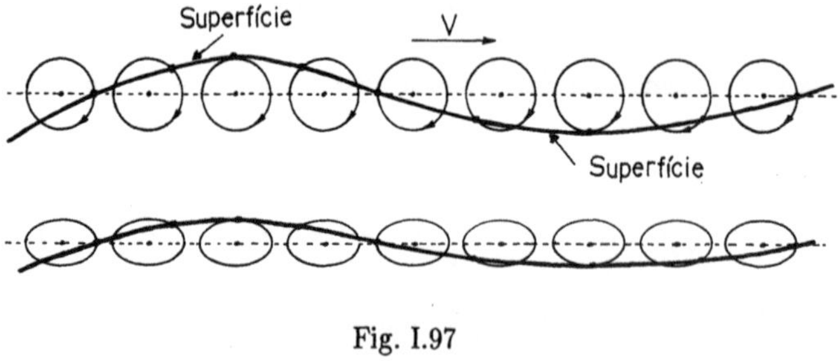

Fig. I.97

Quando a camada líquida é profunda ($kh \to \infty$), a velocidade de propagação V obtida através da Eq. (I.15.7) é dada por $V \cong \sqrt{g\lambda/2\pi} \simeq 1{,}25\,\sqrt{\lambda}$, mostrando que pode ocorrer o fenômeno de dispersão. Como na superfície a velocidade v de uma partícula de fluido é dada por $v = (v_x^2+v_z^2)^{1/2} = 2\pi A/\lambda = 2\pi R_0 V/\lambda$, vemos que $R_0/\lambda = v/2\pi V$. O nosso tratamento, sendo válido somente quando $R_0/\lambda \ll 1$, implica em $\frac{v}{2\pi V} \ll 1$. Em alto–mar, as ondas têm, geralmente, λ entre 50 e 150 m, correspondendo a velocidades V entre 31 e 55 km/h e períodos $T = \lambda/V$ entre 5,7 e 9,8 s. As alturas $2R_0$ de 10 m são extremamente raras e somente aparecem quando as ondas são muito longas, com λ = 100 e 150 m.

Para camadas líquidas pouco profundas ($kh \to 0$) temos, da Eq. (I.15.7), $V \cong \sqrt{gh}$, o que significa que as ondas podem se propagar sem se dispersar. Ou seja, uma onda retilínea de uma forma qualquer pode se propagar sem se deformar. Esse fenômeno é aproximadamente realizado quando uma ondulação se propaga em um canal retilíneo com secção retangular uniforme. As experiências feitas em canais mostram que V obedece à relação $\sqrt{gh}$: quando $h = 20$ cm, temos $V \simeq 5$ km/h; dentro de um canal navegável com $h = 2{,}5$ m, temos $V \simeq 18$ km/h.

Convém recordar que supomos que as amplitudes das ondas são pequenas comparadas com h, se a onda gerada tem uma altura apreciável comparada com h, sob forma de uma intumescência ou de uma depressão únicas, constata–se que, geralmente, depois de um dado percurso, a onda se secciona em um certo número de ondulações. O cálculo e a experiência concordam em mostrar que a desagregação sempre ocorre para depressões, mas que existe para a intumescência um particular perfil (visto na Fig. I.98), para o qual a onda se propaga sem deformação: essa onda de forma particular é denominada de **onda solitária** (ou **sóliton**). Rigorosamente, as ondas solitárias obedecem a uma equação hidrodinâmica não–linear denominada equação de Korteweg–de Vries:

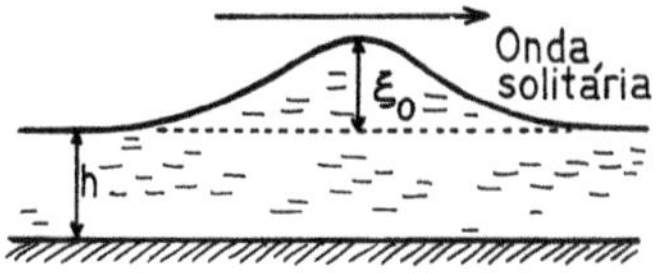

Fig. I.98

$$\frac{\partial \xi}{\partial t} + \sqrt{gh}\left[1 + \frac{3}{2}\frac{\xi}{h}\right]\frac{\partial \xi}{\partial x} + \frac{1}{6}\sqrt{gh}\, h^2 \frac{\partial^3 \xi}{\partial x^3} = 0,$$

que tem por solução

$$\xi(x,t) = \xi_0 \operatorname{sech}^2\left[\left[\frac{3\xi_0}{4h^3}\right]^{1/2}(x-ut)\right],$$

onde $u = \sqrt{gh}\,[1 + \xi_0/2h]$. Verifica–se teórica e experimentalmente que existe uma altura crítica máxima para ξ_0 a partir da qual não existem soluções de formato e velocidades constantes: $(\xi_0)_{\text{critica}} \simeq \frac{2}{3}h$. Isso significa que, para termos ondas estáveis, o meio deve ser fracamente dispersivo, pois o fator $3\xi/2h$ deve ser inferior a 1.

Para terminar, mostremos qual condição deve ser obedecida quando impomos, conforme visto no início da secção, que $|(\mathbf{v}\cdot\nabla)\mathbf{v}| \ll |\partial\mathbf{v}/\partial t|$. Ora, levando em conta as equações para v_x e v_z, verifica–se de modo imediato que devemos ter amplitudes de oscilação $A \ll \lambda$.

A. INFLUÊNCIA DA TENSÃO SUPERFICIAL

Se levarmos em conta a tensão superficial γ, a equação (B) é substituída por

$$\left\{ g\rho\,\frac{\partial\varphi}{\partial z} + \rho\,\frac{\partial^2\varphi}{\partial t^2} - \gamma\,\frac{\partial}{\partial z}\left[\frac{\partial^2\varphi}{\partial x^2} + \frac{\partial^2\varphi}{\partial y^2}\right]\right\}_{z=0} = 0.$$

(vide Landau & Lifshitz, pág. 298). Como as Eqs. (A) e (C) continuam válidas e supondo que tenhamos uma onda plana se propagando ao longo de x, verifica–se que a velocidade de fase V é dada pela relação (de Lord Kelvin):

$$V^2 = \left[\frac{g}{k} + \frac{\gamma}{\rho k}\right]\,\mathrm{tgh}(hk). \qquad \text{(I.15.9)}$$

Os efeitos da tensão superficial só se fazem sentir, para os líquidos em geral, quando os comprimentos de onda são pequenos. Se $2\pi\gamma/\rho\lambda > g\lambda/2\pi$, dizemos que as ondas são **capilares**; e, em caso contrário, $g\lambda/2\pi > 2\pi\gamma/\rho\lambda$, que são ondas de **gravidade**. Para a água, por exemplo, temos ondas capilares quando $\lambda < 1{,}75$ cm. Por essa razão, podemos colocar, nos casos práticos, $\mathrm{tgh}(hk) \simeq 1$ na Eq. (I.15.9), de tal modo que a velocidade é dada simplesmente por $V^2 = g\lambda/2\pi + 2\pi\gamma/\rho\lambda$.

Indicando por λ_0 o comprimento de onda tal que $g\lambda_0/2\pi = 2\pi\gamma/\rho\lambda_0$ e por V_0 a velocidade correspondente, teremos $(V/V_0)^2 = (\lambda/\lambda_0 + \lambda_0/\lambda)/2$. Para o período $T = \lambda/V$, obtemos a relação $(T_0/T)^2 = [\lambda_0/\lambda + (\lambda_0/\lambda)^2]/2$. As curvas V/V_0 e T/T_0 em função de λ/λ_0 são vistas esquematicamente nas Figs. I.99 e I.100.

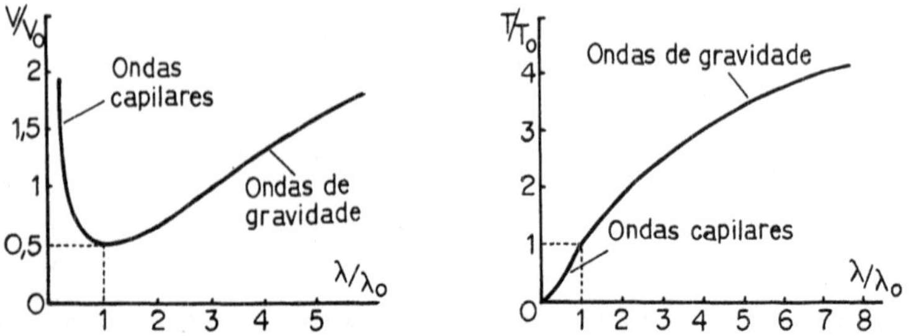

Figs. I.99 e I.100

As fórmulas vistas acima para V e T são verificadas com uma precisão tão boa que podemos determinar através delas a tensão superficial γ medindo os comprimentos de onda λ, gerados por um diapasão, na súperfície de um líquido.

No livro de Landau & Lifshitz (pág. 299) encontramos um estudo sobre a determinação das vibrações próprias de uma gota esférica, de líquido incompressível, devido ao efeito das forças capilares. É mostrado, entre outras coisas, que as freqüências próprias de vibração ω são dadas por $\omega^2 = (\gamma/\rho R^3)l\,(l-1)(l+2)$, onde $l = 0,1,2,...$ e R = raio da gota.

I.16. ONDAS SONORAS

Denominamos ondas sonoras ao movimento vibratório, dos elementos de volume, de pequenas amplitudes num fluido compressível. Em cada ponto do fluido, compressões e rarefações se alternam em uma onda sonora.

Como as vibrações em uma onda sonora são pequenas, a velocidade $\vec{v}$ é pequena, de tal modo que desprezaremos o termo não–linear $(\vec{v}\cdot\nabla)\vec{v}$ na equação de Euler. Isso, como mostraremos depois, implica no fato de $v \ll c$, onde c é a velocidade do som no fluido. Pelas mesmas razões, as variações relativas de densidade e de pressão no fluido são também pequenas. Assim, escreveremos as variáveis p e ρ na forma

$$p = p_0 + p' \quad \text{e} \quad \rho = \rho_0 + \rho' , \tag{I.16.1}$$

sendo p_0 e ρ_0 a pressão e a densidade, respectivamente, no equilíbrio, p', ρ' suas variações na onda sonora. Supomos $p_0 \gg p'$ e $\rho_0 \gg \rho'$.

Considerando as grandezas p', ρ' e $\vec{v}$ como sendo de primeira ordem, vemos que, da equação de continuidade $\partial\rho/\partial t + \nabla\cdot(\rho\vec{v}) = 0$, resulta:

$$\frac{\partial(\rho_0+\rho')}{\partial t} + \nabla\cdot[(\rho_0+\rho')\vec{v}] \simeq \frac{\partial\rho'}{\partial t} + \rho_0\nabla\cdot\vec{v} = 0. \tag{I.16.2}$$

Com as mesmas aproximações, a equação de Euler (I.1.1) dá, desprezando $\nabla\phi$:

$$\frac{\partial\vec{v}}{\partial t} + (\vec{v}\cdot\nabla)\vec{v} = -\frac{\nabla p}{\rho} = -\frac{\nabla(p_0+p')}{(\rho_0+\rho')} \simeq -\frac{\nabla p'}{\rho_0},$$

ou seja,

$$\frac{\partial\vec{v}}{\partial t} \simeq -\frac{\nabla p'}{\rho_0}. \tag{I.16.3}$$

Como vemos, as Eqs. (I.16.2) e (I.16.3), que governam as ondas sonoras no fluido, dependem de três grandezas: $\vec{v}$, p' e ρ'. Podemos eliminar uma das variáveis usando o fato de as compressões e decompressões serem adiabáticas. Portanto, colocando $p = p(\rho,s)$, temos $dp = (\partial p/\partial \rho)_s\, d\rho + (\partial p/\partial s)_\rho\, ds$. Desde que $dp = p'$, $d\rho = \rho'$, $\rho \simeq \rho_0$ e $ds = 0$, obtemos

$$p' = \left[\frac{\partial p}{\partial \rho_0}\right]_s \rho' . \tag{I.16.4}$$

Substituindo (I.16.4) em (I.16.2), ficamos com

$$\frac{\partial p'}{\partial t} + \rho_0 \left[\frac{\partial p}{\partial \rho_0}\right]_s \nabla\cdot\vec{v} = 0. \tag{I.16.5}$$

Como o fluxo é potencial, pois $(\vec{v}\cdot\nabla)\vec{v}$ pode ser desprezado (vide a Sec. I.15), a Eq. (I.16.3) se torna

$$p' = -\rho_0\left[\frac{\partial \varphi}{\partial t}\right]. \tag{I.16.6}$$

Colocando p' dado por (I.16.6) em (I.16.5) deduzimos

$$\frac{\partial^2 \varphi}{\partial t^2} - c^2\nabla^2\varphi = 0, \tag{I.16.7}$$

onde $c^2 = (\partial p/\partial \rho_0)_s$ dá a velocidade de propagação da onda $\varphi(\vec{r},t)$.

Derivando (I.16.6) em relação ao tempo,

$$\frac{\partial p'}{\partial t} = -\rho_0 \frac{\partial^2 \varphi}{\partial t^2} \Longrightarrow \frac{\partial^2 p'}{\partial t^2} = -\rho_0 \frac{\partial^3 \varphi}{\partial t^3}.$$

Do mesmo modo, usando (I.16.7): $\partial^3\varphi/\partial t^3 = c^2\,\nabla^2(\partial\varphi/\partial t) = 0$. Substituindo nesta igualdade as derivadas de φ em função das de p', resulta:

$$\frac{\partial^2 p'}{\partial t^2} - c^2\,\nabla^2 p' = 0. \tag{I.16.8}$$

Como, segundo (I.16.4), $p' = \rho'(\partial p/\partial \rho_0)_s$ também para ρ' temos uma equação de onda:

$$\frac{\partial^2 \rho'}{\partial t^2} - c^2\,\nabla^2 \rho' = 0. \tag{I.16.9}$$

Analogamente, para $\vec{v}$,

$$\frac{\partial^2 \vec{v}}{\partial t^2} - c^2\,\nabla^2 \vec{v} = 0. \tag{I.16.10}$$

Considerando uma perturbação que se propaga ao longo de x, o potencial φ, solução de (I.16.7), pode ser escrito de modo geral como $\varphi(x,t) = f_1(x-ct) + f_2(x+xct)$. Para simplificar, consideraremos somente o caso $f_2 = 0$ e ficamos com $\varphi(x,t) = f(x-ct)$.

Como $\vec{v} = \nabla\varphi \Longrightarrow \vec{v} = v_x \vec{i} = \partial\varphi/\partial x \, \vec{i}$, o que mostra que as partículas do fluido se movimentam ao longo da direção de propagação da onda. Em outras palavras, as ondas sonoras em um fluido são **ondas longitudinais**.

Indicando v_x por $v = \partial\varphi/\partial x = f'(x-ct)$, de $p' = -\rho\, \partial\varphi/\partial t = \rho c f'(x-ct)$ deduz–se que $v = \rho c$. Por outro lado, usando Eq. (I.16.4) verifica–se que

$$\frac{v}{c} = \frac{\rho'}{\rho_0}. \tag{I.16.11}$$

Essa equação mostra que $v \ll c$, pois $\rho' \ll \rho_0$.

Vejamos agora como obter as variações de temperatura que surgem numa onda sonora devido às compressões e descompressões adiabáticas do fluido. Se T' é a variação de temperatura, $T = T_0 + T'$, através de $dT = T' = (\partial T/\partial p)_s\, dp + (\partial T/\partial s)_p ds$, vemos que $T' = (\partial T/\partial p)_s\, p'$. Utilizando a relação termodinâmica $(\partial T/\partial p)_s = (T/C_p)(\partial V/\partial T)_p = TV\beta/C_p$, onde $\beta = (1/V)(\partial V/\partial T)_p$ é o coeficiente de expansão térmica a pressão constante, obtemos $T' = (TV\beta/C_p)p' = (VT\beta/C_p)\rho_0 c v$. Definindo c_p como calor específico/grama e desprezando termos de segunda ordem, temos finalmente a relação $T' = (\beta T_0 c/c_p)v$.

Em termodinâmica, o coeficiente de compressibilidade adiabática de uma substância é definido por $\chi = (1/\rho)(\partial\rho/\partial p)_s$. Em termos de χ, a velocidade da onda é dada por $c = 1/\sqrt{\chi\rho_0}$.

Para os gases ideais, verifica–se facilmente que $c = \sqrt{\gamma RT/M}$, onde $C_p/C_V = \gamma$, R = constante universal dos gases e M = massa molecular. Para o ar ($T = 300$K), temos $c = 340$ m/s.

Para os sólidos e líquidos é mais comum o uso do coeficiente ou **módulo de elasticidade volumétrico** representado pela letra k: $\chi = 1/k = -(1/V)(dV/dp)$. Nesses casos c é dada por $c = \sqrt{k/\rho_0}$. Para a água ($T \sim 20°$C), temos $c = 1.450$ m/s; para o aço, ~ 4.500 m/s e, para algumas rochas, até ~ 6.000 m/s.

No caso de uma onda monocromática se propagando na direção $\vec{n} = \vec{k}/k$, sabemos que $\vec{v}(\vec{r},t) = \vec{A}\exp[i(\vec{k}\cdot\vec{r} - \omega t)]$ é solução de (I.16.10) se $c^2 = \omega^2/k^2$, $k = 2\pi/\lambda$ e $cT = \lambda$. Como $\nabla \times \vec{v} = 0$, resulta que $\vec{k} \times \vec{A} = 0$, ou seja, a onda é longitudinal, conforme deduzimos antes, no caso geral.

Capitulo II. FLUIDOS REAIS

Nos fluidos reais, há dissipação de energia mecânica devido a atritos internos (**viscosidade**) entre as partículas do fluido ou do fluido com o ambiente e há trocas de calor entre as partículas do fluido ou do fluido com o ambiente. Enfim, durante os fluxos de fluidos reais, os processos viscosos e de termocondução não são desprezíveis e constitutem uma manifestação da irreversibilidade termodinâmica do movimento.

Quando camadas de fluidos ou elementos de volume deslizam uns sobre os outros, surgem entre eles **tensões tangenciais** que são devidas ao **atrito interno**. Usualmente costuma-se definir a **viscosidade** (η) de um fluido através do escoamento **laminar** de um fluido que é causado pelo movimento de duas placas planas paralelas de área A e espaçamento d (Fig. II.1).

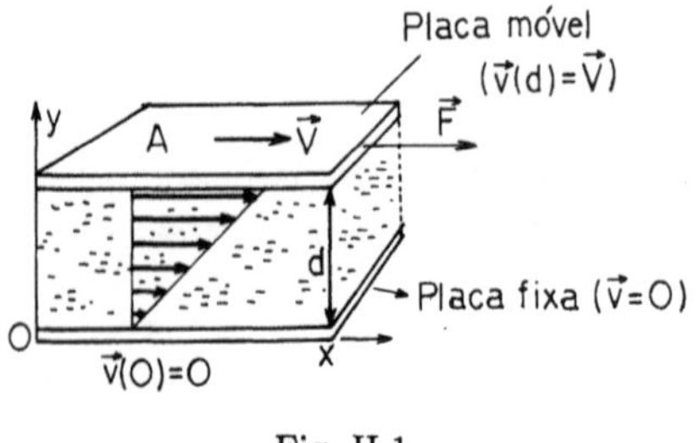

Fig. II.1

A experiência mostra que, se puxarmos a placa superior para a direita com uma força constante $\vec{F}$, ela se deslocará com velocidade constante $\vec{V}$ (a placa de baixo é suposta em repouso). Verifica-se, experimentalmente, que um fluido real em contacto com um sólido permanece em repouso em relação à superfície de contacto (baixas velocidades), sendo arrastado juntamente com ela. Desse modo, o fluido em contacto com a placa de cima se desloca com $\vec{v} = \vec{V}$ e o que está em contacto com a placa de baixo permanece em repouso. A experiência mostra que, para $\vec{V}$ relativamente pequenas (depois definiremos melhor o significado dessa condição), a velocidade $\vec{v}(y)$ do fluido varia linearmente entre as duas placas:

$$\vec{v}(y) = v_x(y)\vec{i} = \frac{V}{d}\, y\, \vec{i}\,.$$

Para manter o deslocamento da placa superior com velocidade constante $\vec{V}$ é necessário aplicar uma tensão tangencial (F/A) proporcional a V/d: $(F/A) \propto (V/d)$, ou seja, $F/A \equiv \eta(V/d)$, onde η é o **coeficiente de viscosidade**, ou simplesmente **viscosidade**. A lei acima que define η chama–se **lei de Newton da viscosidade**. No sistema CGS $[\eta] = = \text{dina}\cdot\text{s/cm}^2 \equiv \text{poise}$, mas a unidade mais empregada na prática é o centipoise (cp), dado por 1 cp $= 10^{-2}$ poise.

No escoamento visto acima, entre as duas placas, o fluido se desloca em camadas planas paralelas ou lâminas, que deslizam umas sobre as outras como cartas de um baralho. Devido ao atrito interno, elas exercem forças tangenciais umas sobre as outras (Fig. II.2), iguais e contrárias pela lei de ação e reação.

Olhando em detalhe para uma determinada lâmina de fluido notaremos que os elementos de volume devem se deformar devido ao cisalhamento a que a referida lâmina está submetida (vide Fig. II.3). A força F que aparece na parte superior da lâmina de espessura dy deve ser:

$$F = A\,\eta\,\frac{v_x(y+dy) - v_x(y)}{dy} = \eta\,A\,\frac{dv_x(y)}{dy}\ , \qquad \text{(II.1)}$$

que é a lei diferencial de Newton da viscosidade. Segundo a Fig. II.3, a deformação angular $d\gamma$ é dada por:

$$d\gamma = \frac{x(y+dy)-x(y)}{dy} = \frac{[v_x(y)+(dv_x/dy)\,dy]\,dt-v_x(y)\,dt}{dy}\,,$$

de onde tiramos $d\gamma/dt = \dot{\gamma} = dv_x(y)/dy$. Desse modo, a lei diferencial da viscosidade fica escrita na forma $F/A = \eta\dot{\gamma}$.

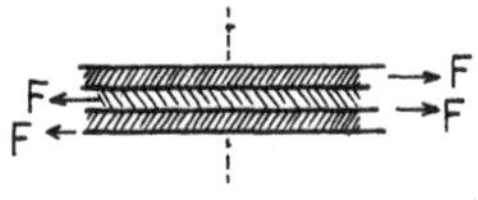

Fig. II.2

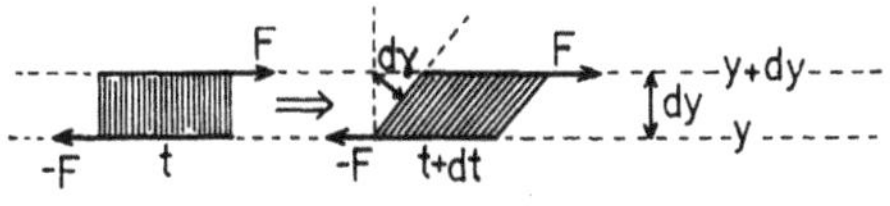

Fig. II.3

A viscosidade η, de modo geral, é uma função da natureza do fluido, da temperatura, da pressão e da taxa de deformação angular $\dot{\gamma}$. Os fluidos que possuem viscosidade independente de $\dot{\gamma}$ são denominados **newtonianos**. Os que dependem de $\dot{\gamma}$ são **não–newtonianos**.

Os fluidos não–newtonianos são em geral constituídos por moléculas muito longas, em forma de molas, de placas ou lineares. Mesmo suspensões ou soluções (em água ou outros solventes) de moléculas longas exibem esse tipo de comportamento. Plásticos, piche, soluções de polímeros, sangue e barro são alguns exemplos. Metais líquidos exibem também características não–newtonianas. Para mais detalhes, consultar Ruy C.C. Vieira e W.M. Swanson, por exemplo.

Fluidos que apresentam viscosidades relativamente muito pequenas são newtonianos. Exemplos: água, mercúrio, glicerina, ar e muitos gases em condições usuais de temperatura e pressão (ambiente). Apenas para termos algumas ordens de grandeza: $\eta_{H_2O} \simeq 1$ cp, $\eta_{Hg} \simeq 1{,}5$ cp, $\eta_{glicerina} \simeq 830$ cp e $\eta_{ar} \simeq 1{,}8 \times 10^{-2}$ cp para $T \simeq 20°C$ e à pressão atmosférica.

Neste curso analisaremos somente os fluidos newtonianos. Na próxima secção determinaremos a equação de movimento para os fluidos newtonianos. Ela é denominada equação de Navier–Stokes.

Notemos o seguinte: como o gradiente de velocidades $[dv_x(y)/dy]\vec{j}$ entre as placas é diferente de zero, o rotacional do campo de velocidades $v_x(y)\vec{i}$ também é diferente de zero: $\vec{\omega} = (\nabla \times \vec{v})/2 = -[dv_x(y)/dy]\vec{k}/2$. Isso significa que os elementos de volume tendem a girar no sentido horário. Conforme vimos na Sec. P.4, os elementos de volume, além de rodarem no sentido horário, se transladam e se deformam (deformação por cisalhamento).

Para terminar, vamos calcular a circulação de velocidades ao longo de um circuito retangular (Fig. II.4) no caso do fluxo entre duas placas paralelas:

$$\Gamma = \oint_\gamma \vec{v} \cdot d\vec{s} = v_1 l - v_3 l = (v_1 - v_3) l \,.$$

Como $v_3 > v_1$, a circulação Γ é negativa (sentido horário).

II.1. EQUAÇÃO DE NAVIER–STOKES

Vamos deduzir a equação que rege os movimento dos fluidos reais. Consideremos um elemento de volume δV com massa δm (vide Fig. II.5) sobre o qual agem forças externas $\vec{F}_{ext} \equiv \vec{\mathcal{F}}_{ext}\, \delta V$ e forças internas $\vec{F}_{int} \equiv \vec{\mathcal{F}}_{int}\, \delta V \equiv \vec{G}\, \delta V$.

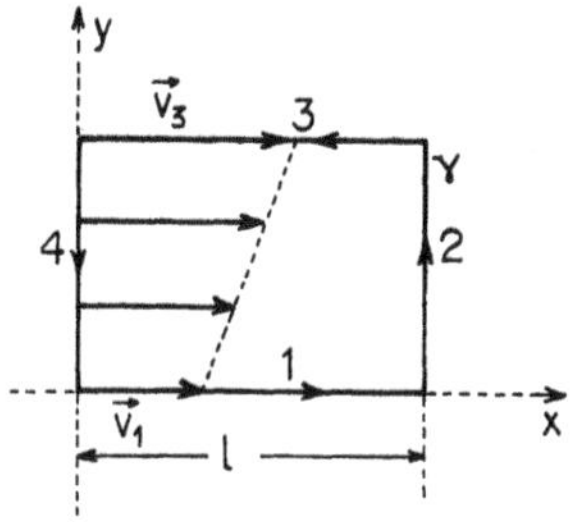

Fig. II.4

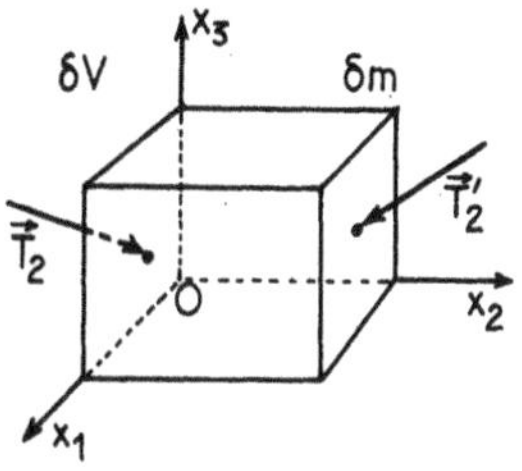

Fig. II.5

De acordo com a segunda lei de Newton,

$$\delta m\left[\frac{d\vec{v}}{dt}\right] = \vec{F}_{\text{resultante}} = (\vec{\mathscr{F}}_{\text{ext}}+\vec{G})\,\delta V.$$

Definindo as tensões $\vec{T}_i$ (força/cm^2) como sendo as que agem sobre as faces perpendiculares aos eixos x_i ($i = 1,2,3$) e que são geradas pelas forças internas, podemos escrever $\vec{G}\,\delta V$ assim:

$$\vec{G}\,\delta V = \vec{G}\,\delta x_1\,\delta x_2 \delta x_3 = \left[\vec{T}_1 - \left[\vec{T}_1 + \frac{\partial \vec{T}_1}{\partial x_1}\,\delta x_1\right]\right]\,\delta x_2 \delta x_3 +$$

$$+\left[\vec{T}_2 - \left[\vec{T}_2 + \frac{\partial \vec{T}_2}{\partial x_2}\,\delta x_2\right]\right]\,\delta x_1 \delta x_3 +$$

$$+\left[\vec{T}_3 - \left[\vec{T}_3 + \frac{\partial \vec{T}_3}{\partial x_3}\,\delta x_3\right]\right]\,\delta x_1 \delta x_2\,.$$

Ou seja,

$$\vec{G}\,\delta V = -\left[\frac{\partial \vec{T}_1}{\partial x_1} + \frac{\partial \vec{T}_2}{\partial x_2} + \frac{\partial \vec{T}_3}{\partial x_3}\right]\,\delta V\,.$$

Representando as componentes $\vec{T}_i$ ($i = 1,2,3$) por $\vec{T}_i \equiv \sigma_{i1}\vec{i} + \sigma_{i2}\vec{j} + \sigma_{i3}\vec{k}$, o termo G_i será escrito como

$$G_i = -\left[\frac{\partial \sigma_{i1}}{\partial x_1} + \frac{\partial \sigma_{i2}}{\partial x_2} + \frac{\partial \sigma_{i3}}{\partial x_3}\right],$$

ou, ainda, de um modo compacto:

$$G_i = -\frac{\partial \sigma_{ij}}{\partial x_j}\,.$$

Na Fig. II.6 mostramos a tensão $\vec{T}_2$ decomposta nas componentes σ_{12}, σ_{22} e σ_{32} que agem sobre a face do δV, que é perpendicular ao eixo x_2. As componentes σ_{12} e σ_{32} , que são paralelas à face do cubo, devem ser geradas pelas forças de viscosidade, e a σ_{22} gerada pela pressão, pois essa é ortogonal à face do δV.

O nosso problema então, é determinar $\vec{G}$ através da especificação do tensor σ_{ij}. Para efetuarmos essa tarefa, temos de levar em conta os seguintes itens.

1º) No caso de um fluido ideal ($\eta = 0$), devemos esperar que o tensor σ_{ij} se reduza a $p\delta_{ij}$, onde p é a pressão. Isto é, as únicas forças que devem aparecer são perpendiculares às faces do δV. Devemos esperar, por conseguinte, que σ_{ij} seja dado por $\sigma_{ij} = p\delta_{ij} + \sigma'_{ij}$, onde σ'_{ij} deve se anular quando $\eta = 0$.

2º) Como os processos de fricção interna estão ligados aos gradientes de velocidade no interior do fluido, devemos esperar que σ'_{ij} seja uma função linear de derivadas do tipo $\partial v_\alpha / \partial x_\beta$.

3º) Considerando o fluido como sendo **isotrópico**, devemos esperar também que o tensor σ'_{ij} seja simétrico, isto é, $\sigma'_{ij} = \sigma'_{ji}$ (vide demonstração dessa propriedade de simetria nos livros, por exemplo, de I. Shames e do F.W. Sears).

4º) Quando um fluido, em estado estacionário, gira no interior de um cilindro, ele se comporta como um sólido com velocidade angular $\vec{\Omega} = \vec{\omega} = (1/2)\nabla \times \vec{v}$, onde $\vec{v} = \vec{\Omega} \times \vec{r}$, conforme a Sec. I.7.H. Nessas condições, não deve haver fricções internas no fluido, isto é, σ'_{ij} deve se anular. Ora, é fácil mostrarmos que, se $\vec{v} = \vec{\Omega} \times \vec{r}$, sendo $\vec{\Omega}$ constante, as seguintes igualdades estão automaticamente satisfeitas: $\partial v_i / \partial x_k + \partial v_k / \partial x_i = 0$ e $\nabla \cdot \vec{v} = \partial v_\alpha / \partial x_\alpha = 0$.

A forma mais geral de um tensor de segunda ordem que satisfaz às quatro condições vistas antes é:

$$\sigma'_{ik} = a\left[\frac{\partial v_i}{\partial x_k} + \frac{\partial v_k}{\partial x_i}\right] + b\,\delta_{ik}\frac{\partial v_l}{\partial x_l},$$

onde a e b são escalares que não dependem da velocidade devido à isotropia do fluido e devem se anular no caso de um fluido ideal.

Considerando somente fluidos incompressíveis, teremos simplesmente:

$$\sigma'_{ik} = \eta\left[\frac{\partial v_i}{\partial x_k} + \frac{\partial v_k}{\partial x_i}\right],$$

pois

$$\nabla \cdot \vec{v} = \frac{\partial v_l}{\partial x_l} = 0,$$

onde pusemos $a \equiv \eta$. Essa condição será confirmada, como veremos a seguir, comparando as previsões dadas pela equação que for obtida com os resultados experimentais.

Assim, o tensor σ_{ik} será dado por:

$$\sigma_{ik} = p\,\delta_{ik} + \eta\left[\frac{\partial v_i}{\partial x_k} + \frac{\partial v_k}{\partial x_i}\right],$$

que, por sua vez, irá gerar a força interna $\vec{G}$ cujas componentes $G_i = -\partial\sigma_{ik}/\partial x_k$, são

$$G_i = -\left[\frac{\partial p}{\partial x_k}\right]\delta_{ik} + \eta\left[\frac{\partial^2 v_i}{\partial^2 x_k} + \frac{\partial^2 v_k}{\partial x_k \partial x_i}\right].$$

Somando os G_i a fim de obter $\vec{G}$, vemos que $\vec{G} = -\nabla p + \eta\nabla^2\vec{v}$. Os termos com derivadas mistas dão contribuição nula, pois $\nabla\cdot\vec{v} = 0$.

Finalmente, ficamos com a seguinte equação de movimento: $\delta m\, d\vec{v}/dt = (\vec{\mathcal{F}}_{\text{ext}} + G)\delta V = (-\rho\nabla\phi - \nabla p + \eta\,\nabla^2\vec{v})\delta V$, onde supomos que a força externa $\vec{\mathcal{F}}_{\text{ext}}\,\delta V = \vec{F}_{\text{ext}} = -\,\delta m\,\nabla\phi$, sendo ϕ um potencial gravitacional. Como $d\vec{v}/dt = \partial\vec{v}/\partial t + (\vec{v}\cdot\nabla)\vec{v}$, conforme a Eq. (P.1.1), obtemos:

$$\frac{\partial\vec{v}}{\partial t} + (\vec{v}\cdot\nabla)\vec{v} = -\frac{1}{\rho}\nabla p - \nabla\phi + \frac{\eta}{\rho}\nabla^2\vec{v}, \tag{II.1.1}$$

conhecida como **equação de Navier–Stokes** e que deve descrever o escoamento de **fluidos viscosos incompressíveis** submetidos a um campo gravitacional ϕ.

Quando $\eta = 0$, vemos que a Eq. (II.1.1) se reduz à equação de Euler (I.1.1).

Aplicando o **rot** em ambos os membros da Eq. (II.1.1), obtemos:

$$\frac{\partial\vec{\omega}}{\partial t} = \nabla\times[\vec{v}\times\vec{\omega}] + \nu\,\nabla^2\vec{\omega} \tag{II.1.2}$$

onde $\nu \equiv \eta/\rho$ é a viscosidade cinemática.

No caso de um fluido real, as seguintes equações são aplicáveis:

$$\begin{cases} \dfrac{\partial\vec{v}}{\partial t} + (\vec{v}\cdot\nabla)\vec{v} = -\dfrac{1}{\rho}\nabla p - \nabla\phi + \dfrac{\eta}{\rho}\nabla^2\vec{v}, \\[2ex] \dfrac{\partial\rho}{\partial t} + \nabla\cdot(\rho\vec{v}) = 0\,. \end{cases} \tag{II.1.3}$$

São, respectivamente, as equações de **Navier–Stokes** e a de **continuidade**. Não podemos usar a **equação de adiabaticidade** ($ds/dt = 0$), como no caso de um fluido ideal, porque os processos de termocondução não são desprezíveis.

Para resolver essas equações precisamos conhecer as condições iniciais do problema e as condições de contorno: **sólido & fluido** e **fluido & fluido**. No primeiro caso impõe–se que o fluido real em contacto com um sólido permaneça em repouso em relação à superfície de contacto. No segundo caso (vide Fig. I.3), devemos ter $p_1 = p_2$ e $\vec{v}_1 = \vec{v}_2$. Em ambos os casos, a condição imposta para as velocidades implica numa aderência perfeita entre as partes em contacto.

No livro de Landau & Lifshitz vemos as equações de Navier–Stokes e de continuidade e o tensor σ_{ik} escritos explicitamente em coordenadas polares cilíndricas e esféricas.

Usando um procedimento análogo ao adotado na Sec. I.4, pode–se mostrar que, no caso de um fluido viscoso, o **tensor fluxo de momento** Π_{ik} é dado por:

$$\Pi_{ik} = p\, \delta_{ik} + \rho\, v_i v_k - \sigma'_{ik}\,. \tag{II.1.4}$$

Assim, a força F_i ($i = 1,2,3$) exercida pelo fluido sobre um volume (V), que pode ser ocupado por um corpo qualquer imerso no fluido ou pelo próprio fluido (Fig. II.7), é dada por:

$$F_i = \text{fluxo de momento/s} = \oint_{(S)} \Pi_{ik}\, dA_k\,. \tag{II.1.5}$$

Se, em particular, o volume (V) for ocupado por um sólido em repouso ($\vec{V} = 0$) a Eq. (II.1.5) se simplifica, pois $\rho\, v_i v_k = 0$ sobre a superfície (S) e, daí, temos:

$$F_i = \oint_{(S)} (p\, \delta_{ik} - \sigma'_{ik})\, dA_k\,. \tag{II.1.6}$$

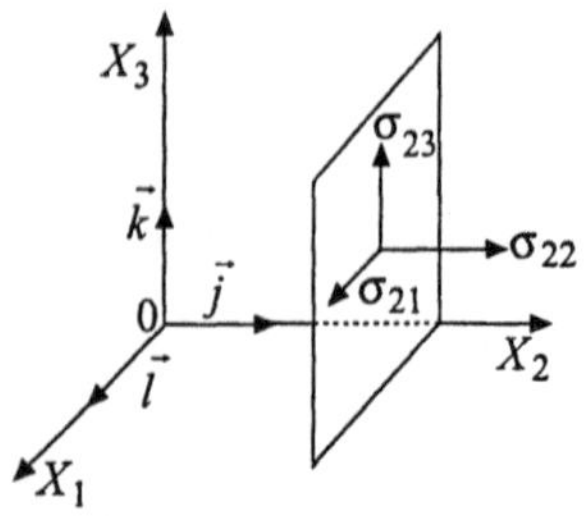

Fig. II.6

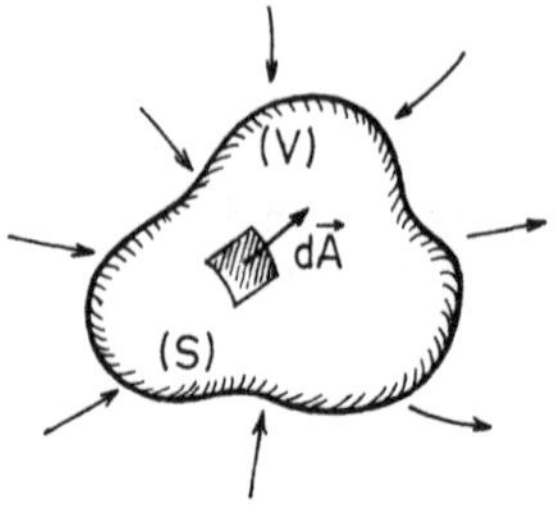

Fig. II.7

II.2. CAMADA LIMITE

Como vimos no Cap. I, um fluido ideal pode escoar em torno de um sólido com velocidade não–nula em relação à superfície do referido sólido com o qual está em contacto. Por outro lado, esse deslizamento não pode ocorrer no caso de um fluido real devido à viscosidade. Um fluido real está sempre em repouso em relação à superfície de contacto de um sólido.

A experiência mostra que, para fluidos com viscosidade relativamente pequena, o efeito da mesma é apreciável somente numa camada muito delgada de fluido junto à superfície de um obstáculo. Verifica–se que, nessa camada delgada, denominada **camada–limite**, cujo conceito foi introduzido por Prandtl (1904), a velocidade de escoamento $v_x(y)$ varia rapidamente de um valor nulo junto à parede, isto é, $v_x(0) = 0$ até um valor $v_x(\delta) = V$, onde δ seria a espessura da camada limite (vide esquema na Fig. II.8). Conforme veremos, a função $v_x(y)$ é não–linear entre O e δ.

Assim, o escoamento no interior $(0 \leq y \leq \delta)$ da camada limite seria **rotacional**. Fora da camada–limite $(y > \delta)$, onde η é desprezível, podemos admitir, com muito boa aproximação, que o fluido é **ideal** e **irrotacional**. Nessa região, as linhas são determinadas pela ação da pressão que caracteriza um fluxo potencial.

II.3. ESCOAMENTO EM TORNO DE UMA PLACA PLANA

Estudaremos o escoamento de um fluido real incompressível, com viscosidade relativamente pequena, em torno de uma placa plana de comprimento ℓ, conforme vemos na Fig. II.9.

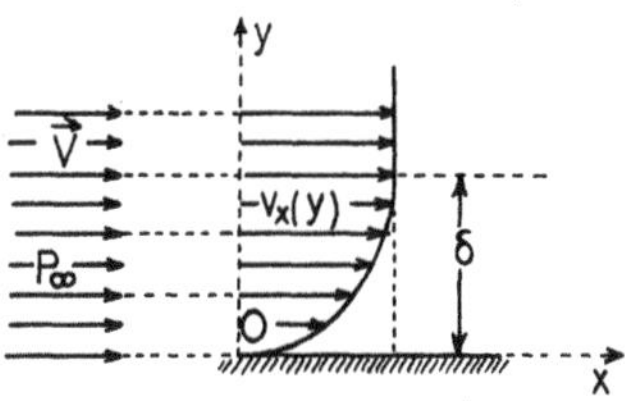

Fig. II.8

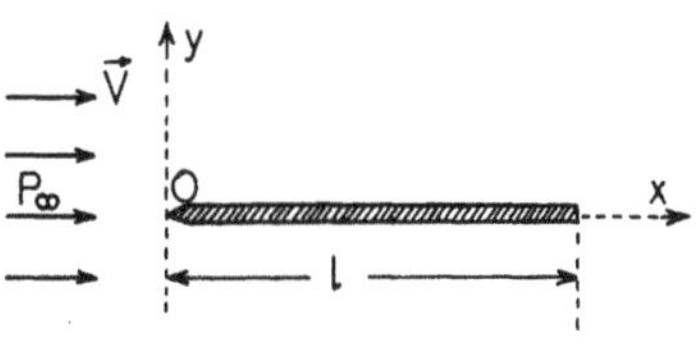

Fig. II.9

As Eqs. (II.1.3), de Navier–Stokes e de continuidade ficam escritas na forma:

$$\left.\begin{aligned}
&\partial v_x/\partial t + v_x(\partial v_x/\partial x) + v_y(\partial v_x/\partial y) = -\ (\partial p/\partial x)/\rho + \nu(\partial^2 v_x/\partial x^2 + \partial^2 v_x/\partial y^2),\\
&\partial v_y/\partial t + v_x(\partial v_y/\partial x) + v_y(\partial v_y/\partial y) = -\ (\partial p/\partial y)/\rho + \nu(\partial^2 v_y/\partial x^2 + \partial^2 v_y/\partial y^2),\\
&\partial v_x/\partial x + \partial v_y/\partial y = 0 \qquad (\text{ou}\quad v_x = \partial\psi/\partial y \quad \text{e} \quad v_y = -\ \partial\psi/\partial x)\,.
\end{aligned}\right\}$$

(II.3.1)

Rigorosamente, as condições de contorno que devem ser obedecidas ($0 \leq x \leq \ell$) são as seguintes: $v_x = v_y = 0$ para $y = 0$, $v_x = 0$ para $x = 0$ e $v_x = V$, quando $y = \infty$.

Sendo δ a espessura da camada–limite, suposta muito pequena, v_x varia de zero até V quando y vai de 0 até δ. Tomando V como $0(1)$ (ordem magnitude 1), vemos que $\partial v_x/\partial y$ será $0(\delta^{-1})$ e $\partial^2 v_x/\partial y^2$ será $0(\delta^{-2})$ na camada–limite. Do mesmo modo, $\partial v_x/\partial t$, v_x, $\partial v_x/\partial x$ e $\partial^2 v_x/\partial x^2$ serão $0(1)$. Através da equação de continuidade, vemos que $\partial v_y/\partial y$ é $0(1)$, e como $v_y = 0$ quando $y = 0$ concluímos que v_y é $0(\delta)$. Também $\partial v_y/\partial t$, $\partial v_y/\partial x$ e $\partial^2 v_y/\partial y^2$ serão $0(\delta^{-1})$.

Desse modo, como $\partial^2 v_x/\partial x^2$ pode ser desprezada em relação a $\partial^2 v_x/\partial y^2$, a primeira equação do sistema (II.3.1) se torna:

$$\frac{\partial v_x}{\partial t} + v_x\left[\frac{\partial v_x}{\partial x}\right] + v_y\left[\frac{\partial v_x}{\partial y}\right] = -\frac{(\partial p/\partial x)}{\rho} + \frac{\nu\partial^2 v_x}{\partial y^2}\,. \qquad \text{(II.3.2)}$$

Supondo que o termo de viscosidade ($\nu\ \partial^2 v_x/\partial x^2$) seja da mesma ordem de grandeza que os termos de inércia [lado esquerdo da Eq. (II.3.2)], que é $0(1)$, vemos que $\nu\delta^{-2}$ é $0(1)$, ou seja, δ é $0(\nu^{1/2})$. Desse modo a segunda das Eqs. (II.3.1) se reduz a $(\partial p/\partial y)/\rho = 0(\delta)$.

Como isso implica que a variação de p ao longo de y é da ordem de δ^2, suporemos que p não depende de y. Além disso, sendo ℓ muito grande, admitiremos, numa primeira aproximação, também que a variação da pressão ao longo de x seja desprezível. Em outras palavras, assumiremos que $p(x,y) = p_\infty$, que é a pressão no escoamento principal. Nessas condições, supondo também que o fluxo seja estacionário, ficamos com as seguintes equações:

$$\left.\begin{aligned} &v_x(\partial v_x/\partial y) + v_y(\partial v_x/\partial y) = \nu(\partial^2 v_x/\partial y^2), \\ &v_x = \partial\psi/\partial y \quad \text{e} \quad v_y = -\,\partial\psi/\partial x, \end{aligned}\right\} \qquad \text{(II.3.3)}$$

que foram resolvidas rigorosamente por Blasius, como veremos a seguir.

Colocando $\eta = \frac{1}{2}(V/\nu x)^{1/2}y$ e $\psi = (\nu V x)^{1/2} f$, onde $f = f(\eta)$, temos $v_x = Vf'/2$, $v_y = (V\nu/x)^{1/2}(\eta f' - \eta)$, $\partial v_x/\partial y = V(V/\nu x)^{1/2} f''/4$, $\partial v_x/\partial x = -(V/x)\eta f''$ e $\partial^2 v_x/\partial y^2 = V(V/\nu x) f'''/8$ ..

Com essas transformações, o sistema de equações (II.3.3) a derivadas parciais se reduz a uma equação a derivada total não–linear em variáveis adimensionais:

$$f''' + ff'' = 0,$$

com as seguintes condições de contorno: $f = f' = 0$ quando $\eta = 0$ e $f' = 2$ quando $\eta = \infty$.

Por integração numérica da equação acima, obtém–se $v_x(y)$. Através de $v_x(y)$ pode–se mostrar que a **espessura de deslocamento** $\delta_1(x)$, definida por

$$\delta_1(x) = \frac{1}{V}\int_0^\infty (V - v_x(y))\,dy,$$

é igual a $\delta_1(x) = 1{,}7208\,(\nu x/V)^{1/2}$. A espessura da camada–limite $\delta(x) \simeq 3\delta_1(x)$.

A força de arrasto (**drag**) sobre os dois lados da placa é dada por

$$F_D = 2L\int_0^\ell \eta \left[\frac{\partial v_x}{\partial y}\right]_{y=0} dx,$$

sendo ℓ o comprimento da placa ao longo do eixo z. Verifica–se que $F_D = \alpha\,\rho\,V^2\,\ell\,L(\nu/V\ell)^{1/2}$, onde $\alpha = 1{,}32824$. Costuma–se definir o **coeficiente de arrasto**:

$$C_D = \frac{F_D}{(\frac{1}{2}\,\rho\,V^2\ell)L} = \frac{2{,}656}{\sqrt{R}} \qquad \text{(III.3.4}$$

onde R = número de Reynolds $\equiv V\ell/\nu$.

As Eqs. (II.3.3) podem ser resolvidas aproximadamente impondo–se que $v_x(y)$ seja dada por: $v_x(y) = a_0 + a_1 y + a_2 y^2 + a_3 y^3 + a_4 y^4$, que devem obedecer às seguintes condições, $v_x = 0$, $\partial v_x/\partial y =$ constante e $\partial^2 v_x/\partial y^2 = 0$ para $y = 0$ e $v_x = V$, $\partial v_x/\partial y = \partial^2 v_x/\partial y^2 = 0$ para $y = \delta$. A condição $\partial v_x/\partial y =$ constante para $y = 0$ é imposta a partir de dados experimentais que indicam a existência de uma subcamada laminar no fluxo onde a lei de variação de $v_x(y)$ é linear em y. Nesse caso, temos,

$$v_x(x,y) = V\left[\,2\left(\tfrac{y}{\delta}\right) - 2\left(\tfrac{y}{\delta}\right)^3 + \left(\tfrac{y}{\delta}\right)^4\,\right],$$

onde $\delta(x) = 5{,}83(\nu x/V)^{1/2}$. O coeficiente de arrasto seria, então, $C_D = 2{,}744/\sqrt{R}$.

Como era de se esperar, a solução do fluxo não é rigorosamente válida para x muito pequeno: verifica–se v_y/v_x e $(\partial v_x/\partial x)/(\partial v_x/\partial y)$ dão infinitos quando $x = 0$. Também, como veremos na Sec. II.4, os resultados obtidos não podem ser aplicados para x muito grandes. Enfim, a solução laminar é correta para moderados valores de x; para x relativamente grandes, surgem vórtices devido a instabilidades no escoamento. Na Fig. II.10 mostramos esquematicamente a camada–limite $\delta(x) \propto \sqrt{x}$.

Só para termos uma ordem de grandeza de δ, consideremos uma placa em $\ell = 1$ m imersa em água a 20°C e $V = 1$ m/s. Como $\nu_{\text{agua}} = 1$ cp, temos $R = 10^6$, donde obtemos $\delta(x = 100\text{ cm}) = 0{,}1\text{ cm} = 1\text{ mm}$.

II.4. DESCOLAMENTO DA CAMADA–LIMITE. VÓRTICES E TURBULÊNCIA

Conforme vimos na secção anterior, $\delta(x)$ cresce com $\sqrt{x}$; a camada–limite, à medida que o fluido se desloca ao longo da placa, vai se tornando mais espessa, devido a ação contínua da tensão de cisalhamento, que tende a retardar as partículas do fluido. À medida que ela vai se tornando mais espessa, a distribuição de pressões vai se alterando. Para termos uma idéia do que ocorre, notemos que a Eq. (II.3.2), denominada de equação de Prandtl, nas vizinhanças de $y = 0$, é dada por

$$\eta\left[\frac{\partial^2 v_x}{\partial y^2}\right]_{y\sim 0} \simeq \frac{dp}{dx}.$$

Com a diminuição das velocidades ao longo da superfície de contacto, a pressão começa a crescer no sentido contrário ao da corrente inicial. Esse aumento de

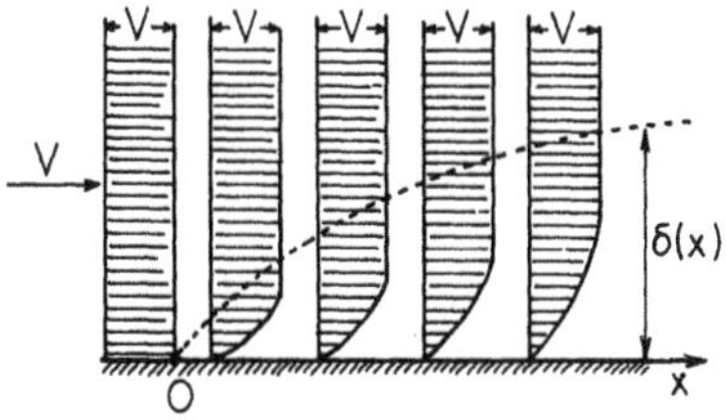

Fig. II.10

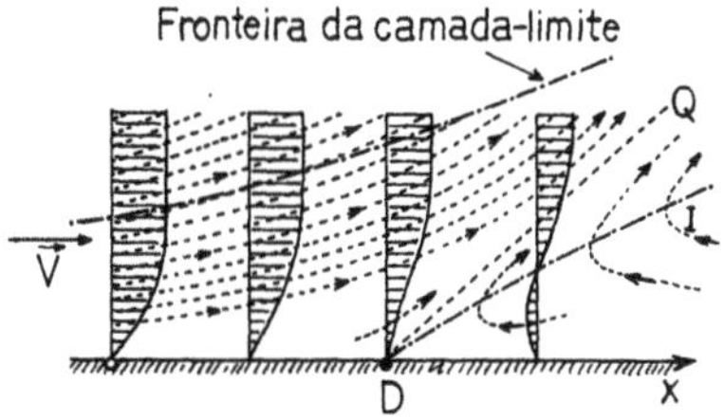

Fig. II.11

pressão culmina por provocar o aparecimento de uma corrente laminar que se desloca no sentido oposto ao da inicial. Podemos entender o que acontece olhando a Fig. II.11 e levando em conta a curvatura $\gamma = \frac{\partial^2 v}{\partial x^2}$ na velocidade. Quando $\gamma < 0 \Longrightarrow dp/dx < 0$, e o fluido está se deslocando com $v_x > 0$; quando $\gamma > 0 \Longrightarrow$ $\Longrightarrow dp/dx > 0$, e o fluido deve estar se movimentando com $v_x < 0$. Quando $\gamma = 0$, temos um ponto de inflexão onde $v_x = 0$.

Devido ao gradiente adverso de pressões, a camada–limite se **desloca**, a partir de um ponto *D*, denominado de **ponto de descolamento** ou **de separação**. Na região à direita da linha *DQ* aparecem os **vórtices** (turbilhões ou redemoinhos). A linha *DI* é formada por pontos de inflexão, isto é, onde $v_x = 0$. Na Fig. II.12, mostramos um vórtice na região à direita de *DQ*.

Fizemos um estudo detalhado da formação e descolamento de uma camada–limite no caso de uma placa plana. Entretanto, isso ocorre ao redor de qualquer obstáculo. A localização do ponto *D* vai depender da curvatura do sólido, do número de Reynolds e também do tempo medido a partir do início do escoamento. Na Fig. II.13, mostramos o que ocorre em torno de um cilindro em particulares condições de escoamento. Vemos que o ponto *D* está localizado na parte posterior do cilindro.

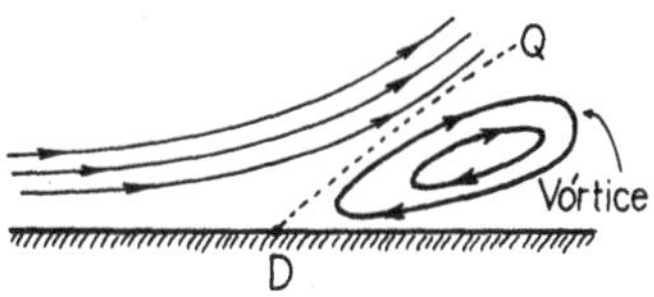

Fig. II.12

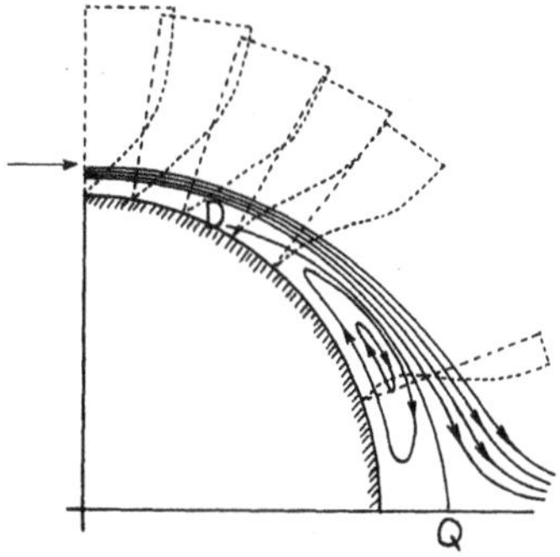

Fig. II.13

De um modo geral, o fluxo laminar ocorre para pequenos números de Reynolds ($R = \nu \ell / V$). Para R relativamente grandes, aparece a camada–limite, o seu descolamento e o surgimento de vórtices localizados. Para R ainda maiores, como veremos na secções seguintes, os vórtices são arrastados pela corrente, formando atrás do corpo uma esteira de vórtices. Se R cresce mais, os vórtices são destruídos, as linhas de corrente se emaranham, variam a cada instante, o movimento é extremamente irregular e aparentemente caótico. Nessas condições extremas, dizemos que o escoamento na esteira do corpo é **turbulento**. O conceito de R pequeno ou grande depende de cada caso particular de escoamento, conforme analisaremos nas secções seguintes.

As forças tangenciais que aparecem nos escoamentos turbulentos são muito maiores do que as correspondentes nos escoamentos laminares. Isso acontece porque elas são de naturezas diferentes. No regime laminar, são as moléculas que se transferem individualmente entre as lâminas adjacentes devido à agitação molecular, gerando as forças tangenciais. Por outro lado, no regime turbulento, são grupos de moléculas animados com velocidades de perturbação que passam para as camadas adjacentes do fluido, produzindo conseqüentemente forças tangenciais mais intensas.

Antes de estudarmos alguns casos específicos de escoamentos reais façamos algumas considerações gerais sobre turbulência e estabilidade do regime laminar. Assim, consideremos genericamente o fluxo de um fluido real incompressível em torno de um corpo com dimensão ℓ. Como sabemos o escoamento é governado pelas equações $\nabla \cdot \vec{v} = 0$ e $\partial \vec{v} / \partial t + (\vec{v} \cdot \nabla) \vec{v} = -\nabla p / \rho - (\eta / \rho) \nabla^2 \vec{v}$. Como as forças de inércia, devidas a $(\vec{v} \cdot \nabla)\vec{v}$, são da ordem de v^2/ℓ, e as forças de atrito, devidas a $\eta \nabla^2 \vec{v} / \rho$, são da ordem de $n v / \rho \ell^2$ verificamos que a razão $F_{\text{inercia}}/F_{\text{atrito}} \sim \rho\, v\, \ell / \eta = R$. Assim, quando $R \ll 1$ as forças de atrito são preponderantes, e o fluxo laminar é estável. No caso contrário, $R \gg 1$, as forças de atrito são desprezíveis e o fluxo é turbulento. Por essa razão, o parâmetro adimensional R é muito importante pois nos permite caracterizar o regime de escoamento dos fluidos.

Sabemos que nas proximidades das paredes dos corpos sólidos imersos nos fluidos nascem inevitavelmente perturbações arbitrariamente pequenas, que tendem a crescer com o decurso do tempo. Para que o escoamento seja laminar estável é preciso que as perturbações geradas se amorteçam com o tempo. Quando as forças de viscosidade que intervêm no escoamento são muito grandes, elas ocasionarão o rápido amortecimento dessas perturbações e praticamente sua propagação ficará limitada às vizinhanças das paredes do sólido. Quando isso ocorre ($R \ll 1$), as únicas perturbações no seio da massa fluida são devidas somente à agitação molecular. Por outro lado, quando as forças viscosas não forem muito intensas ($R \gg 1$), as perturbações locais crescem com o tempo, tornando o movimento absolutamente instável. As perturbações se propagam além das proximidades do corpo penetrando no seio do fluido.

Como podemos observar, a viscosidade desempenha um duplo papel, pois, ao mesmo tempo que gera as perturbações, ela ou as amortece, tornando o regime estável, ou as amplifica, fazendo com que o regime se torne turbulento.

O estudo matemático sobre a estabilidade de um certo movimento pode ser feito pelo esquema que se segue. Superpomos à solução estacionária conhecida $\vec{v}_0(\vec{r})$ uma pequena perturbação não–estacionária $\vec{v}_1(\vec{r},t)$ de tal modo que o movimento resultante $\vec{v} = \vec{v}_0(\vec{r}) + \vec{v}_1(r,t)$ satisfaça as equações de movimento. A equação que determina $\vec{v}_1(\vec{r},t)$ é obtida substituindo–se $\vec{v} = \vec{v}_0 + \vec{v}_1$ em $\nabla \cdot \vec{v} = 0$ e $\partial\vec{v}/\partial t + (\vec{v}\cdot\nabla)\vec{v} = -\nabla p/\rho + \nu\nabla^2\vec{v}$. Supondo também que $p = p_0(\vec{r}) + p_1(\vec{r},t)$, as equações seguintes são obedecidas para os estados não–perturbados $\vec{v}_0$ e p_0: $(\vec{v}_0\cdot\nabla)\vec{v}_0 = -\nabla p_0/\rho + \nu\nabla^2\vec{v}_0$ e $\nabla\cdot\vec{v}_0 = 0$. Omitindo termos de ordem superior em relação à pequena grandeza $\vec{v}_1$, vem: $\partial\vec{v}_1/\partial t + (\vec{v}_0\cdot\nabla)\vec{v}_1 + (\vec{v}_1\cdot\nabla)\vec{v}_0 = -\nabla p_1/\rho + \nu\nabla^2\vec{v}_1$ e $\nabla\cdot\vec{v}_1 = 0$. A velocidade $\vec{v}_1(\vec{r},t)$ deve se anular sobre a superfície do corpo.

O campo de velocidades $\vec{v}_1$ obedece a um sistema de equações diferenciais lineares com coeficientes que só dependem de $\vec{r}$ e não do tempo. A solução geral de tais equações é extremamente complexa. Pode–se, entretanto, fazer um estudo aproximado sobre a estabilidade, escrevendo $\vec{v}_1(\vec{r},t) = A(t)\vec{f}(\vec{r})$, onde $A(t) = \text{constante} \times \exp[\gamma_1 t - i\omega_1 t]$, onde $\omega = \omega_1 + i\gamma_1$ é uma freqüência complexa. Para um certo valor de $R = R_{\text{critico}}$ obtemos $\gamma_1 = 0$; quando $R < R_{\text{critico}}$, o fator γ_1 é negativo; e, quando $R > R_{\text{critico}}$, temos $\gamma_1 > 0$. No primeiro caso ($\gamma_1 < 0$), o movimento é laminar, estável; e, no segundo caso ($\gamma_1 > 0$), o sistema é instável e deve levar à turbulência. Os resultados experimentais realmente mostram que existe, para cada caso, um valor mínimo para R, aquém do qual todas as perturbações são amortecidas e para além do qual ($R > R_{\text{critico}}$) o escoamento estacionário é impossível. Devemos salientar que o valor R_{critico} não é universal: cada tipo de escoamento tem o seu próprio valor crítico.

É importante notarmos que o tratamento proposto acima (vide Landau & Lifshitz) para estudar a estabilidade de um escoamento serve apenas para termos uma estimativa do processo inicial da turbulência. Como sabemos, as Eqs. (II.1.3) da hidrodinâmica são não–lineares. Devido à não–linearidade, elas geralmente não admitem soluções analíticas em forma fechada. As soluções numéricas, além de muito difíceis de obter, só são úteis para explicar cada caso específico de escoamento. Nos últimos anos, um considerável progresso tem sido feito nesses estudos através do uso de computadores de alta velocidade e de gráficos de alta resolução. Verifica–se que, apesar de partirmos de equações determinísticas

(Eqs. (II.1.3)), obtém–se soluções "caóticas". É o que se denomina de "caos determinístico" (vide, por exemplo, Nelson Fiedler-Ferrara e Carmem P. C. do Prado).

II.5. ESCOAMENTOS LAMINARES

Faremos nesta secção várias aplicações da equação de Navier–Stokes (II.1.1) para **casos laminares**, ou seja, quando $R \ll 1$.

A. ESCOAMENTO ENTRE DUAS PLACAS QUE SE MOVEM COM VELOCIDADE RELATIVA V

Consideremos duas placas paralelas que se movem com velocidade relativa V, conforme é visto na Fig. II.14. Supondo que o sistema esteja num regime estacionário, desprezando o campo gravitacional e impondo $p =$ constante, a Eq. (II.1.1) se reduz a $d^2 v_x / dy^2 = 0$, lembrando que, por simetria, $\vec{v} = v_x(y)\vec{i}$. Essa equação tem como solução geral $v_x(y) = a\,y + b$. Usando as condições de contorno $v_x(0) = 0$ e $v_x(h) = V$, teremos $v_x(y) = (V/h)y$ mostrando que a velocidade cresce linearmente com a altura y (vide Fig. II.15).

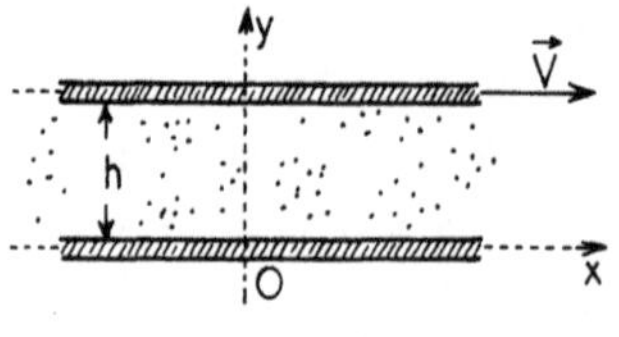

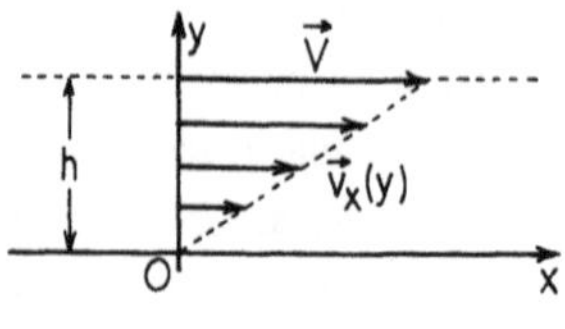

Figs. II.14 e II.15

Calculemos as forças sobre as placas (Fig. II.16) usando a expressão geral de F_i dada pela Eq. (II.1.6):

$$F_i = \oint_{(S)} (p\delta_{ik} + \rho v_i v_k - \sigma'_{ik})dA_k\,.$$

Como $dA_x = dA_z = 0$ e $dA_y = dA = dx\,dz$, temos

$$F_x = \oint_{(S)} (p\delta_{xy} + \rho v_x v_y - \sigma'_{xy}) dA_y = -\oint_{(S)} \sigma'_{xy}\, dA_y \,.$$

Desse modo, a força sobre a placa superior será

$$F_x(y{=}h) = -\oint_{(S)} \sigma'_{xy}(y{=}h)\, dx\, dz \,.$$

Ora, como

$$\sigma'_{xy}(y{=}h) = \eta \left[\frac{\partial v_x}{\partial y} + \frac{\partial v_y}{\partial x}\right]_{y=h} = \frac{V\eta}{h} \,,$$

teremos: $F_x(h) = -\eta VA/h$. Como na placa de baixo $d\vec{A} = -dA\vec{j}$, é fácil vermos que, sobre ela, a força é $F_x(0) = \eta VA/h$, onde A é a área da placa. As componentes F_y e F_z são dadas por:

$$F_y = \oint_{(S)} (p\delta_{yy} + \rho v_x v_y - \sigma'_{yy}) dA_y \,,$$

donde $F_y(h) = pA$ e $F_y(0) = -pA$, pois os termos $\rho v_x v_y$ e σ'_{yy} são nulos.

Finalmente, $F_z = \oint (p\delta_{xz} + \rho v_x v_y - \sigma'_{zy}) dA_y$ dá $F_z(0) = F_z(h) = 0$, pois $v_x v_y = \sigma'_{zy} = 0$.

B. ESCOAMENTO LAMINAR ENTRE DUAS PLACAS FIXAS E COM GRADIENTE DE PRESSÃO NO FLUIDO

O fluxo é representado na Fig. II.17. Por simetria, vemos que $\vec{v} = v_x \vec{i}$, $v_y = v_z = 0$. Além disso, como o fluido é incompressível, temos $v_x = v_x(y)$ somente. Como, por hipótese, $p = p(x)$, a Eq. (II.1.1) se reduz a

$$\frac{dp}{dx} = \eta \frac{d^2 v_x(y)}{d^2 y} = \text{constante} = \alpha \,.$$

De $dp/dx = \alpha$, tiramos: $p(x) = p_1 + \alpha\,(x + l/2)$ e, de $\eta\, d^2 v_x/dy^2 = \alpha$, obtemos: $v_x(y) = \alpha\, y^2/2\eta + ay + b$, que com as condições de contorno $v_x(0) = v_x(h) = 0$,

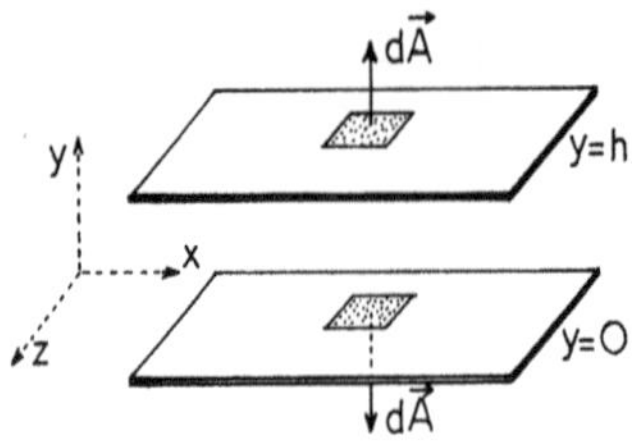

Fig. II.16

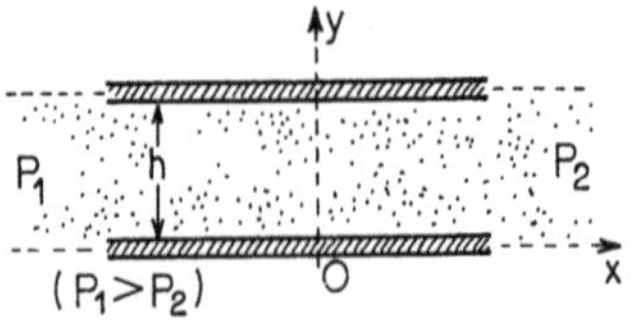

Fig. II.17

torna–se $v_x(y) = -(\alpha/2\eta)\{h^2/4 - (y - h/2)^2\}$. Assim, verificamos que o campo de velocidades $v_x(y)$ cresce parabolicamente, atingindo o valor máximo no ponto médio ($y = h/2$) entre as placas (Fig. II.18).

Devemos observar que o fluxo é laminar, ou seja, não temos a formação de uma camada limite delgada conforme a Sec. II.3. Esse tipo de escoamento ocorre quando $R = \nu h/\bar{v}_x \ll 1$, onde $\bar{v}_x$ é a velocidade média de fluxo.

Calculemos as forças sobre as placas superior ($y{=}h$) e inferior ($y{=}0$):

$$F_x(h) = \oint (p\delta_{xy} + \rho v_x v_y - \sigma'_{xy})dA_y =$$

$$= \oint \left[0 + 0 - \eta\left[\frac{\partial v_x}{\partial y}\right]_{y=h}\right] dA_y = -\frac{\alpha A h}{2},$$

onde A é a área da placa. De modo análogo, vemos que $F_x(0) = -\alpha Ah/2$:

$$F_y(h) = \oint \left[p(x)\delta_{yy} + \rho v_y v_y - \sigma'_{yy})dA_y\right] = \oint [p(x) + 0 + 0]\, dx\, dz =$$

$$= \oint_{-L/2}^{+L/2} dz \oint_{-\ell/2}^{+\ell/2} p(x)dx = L \oint_{-\ell/2}^{\ell/2} \left[p_1 + \alpha\left[x + \frac{\ell}{2}\right]\right] dx = (p_1{+}p_2)\,\frac{\ell L}{2},$$

lembrando que $p_2 = p(x = \ell/2) = p_1 + \alpha\ell$. Assim, $F_y(h) = \frac{1}{2}\,(p_1{+}p_2)A$. De maneira análoga, vemos que $F_y(0) = -F_y(h)$ e que $F_z(0) = F_z(h) = 0$.

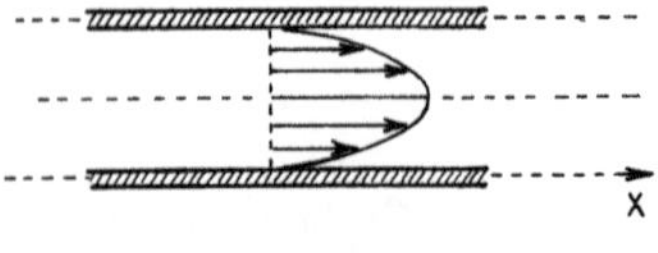

Fig. II.18

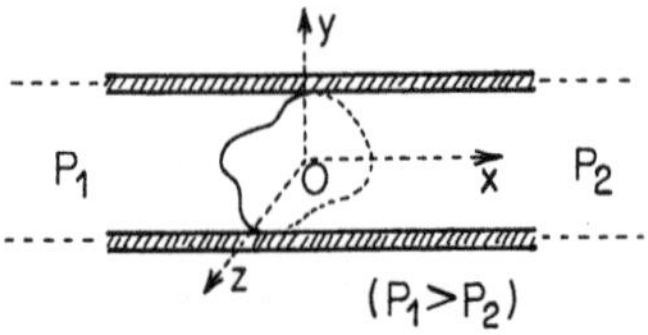

Fig. II.19

C. ESCOAMENTO LAMINAR EM CONDUÍTE DE SECÇÃO ARBITRÁRIA COM FLUIDO SUBMETIDO A UM GRADIENTE DE PRESSÃO

Esse caso é esquematizado pela Fig. II.19. Admitindo que as mesmas condições do caso *B* estejam satisfeitas, podemos assumir que $v_y = v_z = 0$, $\partial\vec{v}/\partial t = \phi = 0$ e $v_x = v_x(z,y)$ somente. Disso decorre, da Eq. (II.1.1),

$$\frac{dp}{dx} = \eta\,\nabla^2 v_x(z,y) = \eta\left[\frac{\partial^2 v_x}{\partial z^2} + \frac{\partial^2 v_x}{\partial y^2}\right] = \alpha,$$

donde tiramos $p(x) = p_1 + \alpha(\ell/2 + x)$ e $\partial^2 v_x/\partial y^2 = \alpha/\eta = \delta$. Com essas equações, iremos estudar dois casos particulares de conduíte.

C.1. Conduíte Circular de Raio *a*

Escrevendo o laplaciano $\nabla^2 v_x(z,y)$ em coordenadas polares cilíndricas temos:

$$\nabla^2 v_x(r,\theta) = \frac{1}{r}\frac{d}{dr}\left[r\frac{dv_x(r)}{dr}\right] = \frac{\alpha}{\eta} = \delta\,.$$

Integrando essa equação, resulta $v_x(r) = \delta\, r^2/4 + A\ln r + B$. Como não há divergência em $r = 0$ e $v_x(r{=}a) = 0$, verifica-se que $A = 0$ e $B = -\,\delta\, R^2/4$. O campo de velocidades $v_x(r)$ é, portanto: $v_x(r) = (-\,\delta/4)(a^2 - r^2)$, mostrando uma distribuição parabólica em r (Fig. II.20). A velocidade máxima do escoamento é dada por $v_x(0) = -\,\delta\, a^2/4$. É mais interessante escrever a constante δ em função do gradiente de pressões ao longo de x: $-\,\delta\,(p_1 - p_2)/\eta\,\ell$, onde ℓ é o comprimento do tubo. Desse modo,

$$v_x(r) \;=\; \frac{(p_1 - p_2)}{4\eta\ell}\,(a^2 - r^2)\,.$$

O fluxo de massa Q (massa/s) no tubo é dado por

$$Q = \oint_{(S)} \rho\vec{v}\cdot d\vec{A} = 2\pi\rho\int_0^a r\,dr\,v_x(r) = \frac{(p_1 - p_2)\pi}{4\nu\ell}\,a^4\,.$$

Essa expressão de fluxo de massa

$$Q = \frac{\pi \Delta p}{8 \nu \ell} a^4$$

onde $\Delta p = p_1 - p_2$, é conhecida como **lei de Poiseuille** ou de **Hagen–Poiseuille**. Recordemos que ela é válida quando o escoamento é laminar, ou seja, $R = \bar{v}a/\nu \ll 1$, onde $\bar{v}$ é a velocidade média

$$\bar{v}_x = \bar{v} = \left[\frac{1}{\pi a^2}\right] \oint_{(S)} \vec{v} \cdot d\vec{A} = \frac{Q}{\pi a^2 \rho} = \frac{a^2}{8\eta} \times \frac{\Delta p}{\ell}.$$

C.2. Conduíte Anular de Raios *a* e *b*

Este caso é mostrado na Fig. II.21. A equação para $v_x(r)$ é a mesma do caso C.1: $v_x(r) = \delta r^2/4 + A \ln r + B$. As condições de contorno, entretanto, são agora $v_x(a) = v_x(b) = 0$. Assim, teremos:

$$v_x(r) = \left[\frac{\Delta p}{4\eta \ell}\right] \left[b^2 - r^2 + \frac{b^2 - a^2}{\ln(\frac{b}{a})} \ln\left(\frac{r}{b}\right)\right].$$

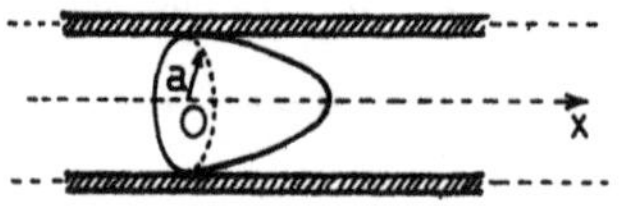

Fig. II.20

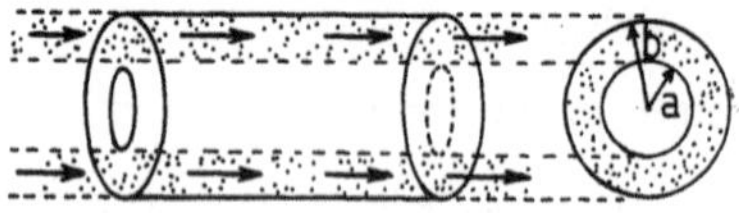

Fig. II.21

D. ESCOAMENTO LAMINAR ISOTÉRMICO DE UM GÁS IDEAL EM UM TUBO

Supondo que numa pequena região dx ao longo do tubo com raio a (Fig. II.22) a variação de pressão no gás seja dp, podemos aplicar a fórmula de Hagen–Poiseuille: $Q = -\pi\, dp\, a^4/8\nu dx$, ou $dp/dx = -8\nu Q/\pi a^4$. Usando a equação de estado do gás perfeito, $\rho = mp/KT$, onde m é a massa da molécula e K a constante de Boltzmann, deduzimos o seguinte:

$$\frac{dp}{dx} = -\left[\frac{8\eta QKT}{\pi m a^4}\right] \frac{1}{p}.$$

Integrando ao longo do tubo de comprimento ℓ, verificamos que

$$p_1^2 - p_2^2 = \left[\frac{16\,\eta\, QKT}{\pi m a^4}\right] \ell .$$

E. ESCOAMENTO LAMINAR DE FLUIDO EM PLANO INCLINADO

Admitindo que a altura h do fluido (Fig. II.23) permanece constante, vemos que $v_z = 0$ e $v_x = v_x(z)$. Como $v_y = 0$, a Eq. (II.1.1) se decompõe em duas componentes:

$$\begin{cases} \rho v_x(\partial v_x/\partial x) = -\,\partial p/\partial x - g \text{ sen } \alpha + \eta(\partial^2 v_x/\partial z^2) & \text{(eixo } x) \\ 0 = -\,\partial p/\partial z - g \cos \alpha + 0. & \text{(eixo } z) . \end{cases}$$

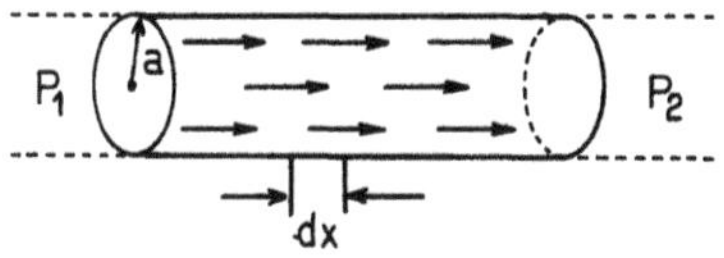

Fig. II.22

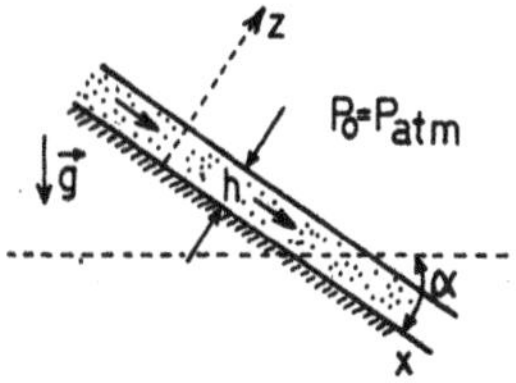

Fig. II.23

Porém, como $p = p(z)$ somente, obtemos as seguintes equações:

$$\begin{cases} \eta(d^2 v_x/dx^2) + g\rho \text{ sen } \alpha = 0, \\ (dp/dz) + \rho g \cos \alpha = 0. \end{cases}$$

Integrando a primeira equação com a condição $v_x(z{=}0)$ temos,

$$v_x(z) = \frac{g\rho \text{ sen } \alpha}{2\eta}\, z\,(2h - z)$$

e a segunda dá, com a condição $p(z = h) = p_{\text{atm}}$,

$$p(z) = p_{\text{atm}} + \rho g(h - z) \cos \alpha .$$

O fluxo de massa Q ao longo do plano, de largura ℓ ao longo do eixo y, é dado por:

$$Q = \rho \int_0^{\ell} dy \int_0^{h} v_x(z)\, dz = \left[\frac{\rho g h^3}{3\eta}\right] \ell \operatorname{sen} \alpha .$$

F. MOVIMENTO LAMINAR DE UM FLUIDO ENTRE DOIS CILINDROS COAXIAIS GIRANTES

Levando em conta a simetria do movimento (Fig. II.24), temos as seguintes condições, num sistema de coordenadas polares cilíndricas:

$$\vec{v} = v_r \vec{r}_0 + v_\theta \vec{\theta}_0 + v_z \vec{k},$$

$$v_z = v_r = 0 \ , \ v_\varphi = v_\varphi(r) = v(r)$$

e

$$p(x,y,z) = p(r).$$

Nesse sistema de coordenadas e com as restrições vistas acima,a Eq. (II.1.1) fica escrita como:

$$\begin{cases} (\partial^2 v/\partial r^2)+(\partial v/\partial r)/r - v/r^2 = 0 & \text{(A)} \\ (\partial p/\partial r) - \rho v^2/r = 0. & \text{(B)} \end{cases}$$

Se escrevermos $v(r)$ na forma de uma série, $v(r) = v_\varphi = \sum_n a_n r^n$, da equação (A) obtemos:

$$\sum_n a_n[n(n-1) + n - 1]\, r^{n-2} = 0$$

donde tiramos $n^2 = 1$ ou $n = \pm 1$. Ou seja, a $v(r)$ é então dada por $v(r) = ar + b/r$.

Porém, como o cilindro externo está girando com velocidade angular ω_2 e o interno com ω_1, $v(R_1) = \omega_1 R_1$ e $v(R_2) = \omega_2 R_2$, implicando em

$$v_\varphi(r) = v(r) = \left[\frac{\omega_2 R_2^2 - \omega_1 R_1^2}{R_2^2 - R_1^2}\right] r + \left[\frac{(\omega_1 - \omega_2) R_1^2 R_2^2}{R_2^2 - R_1^2}\right] \frac{1}{r}.$$

Há dois casos particulares extremos que valem a pena considerar:

a) $\omega_1 = \omega_2 = \omega \Longrightarrow v(r) = \omega\, r$; o fluido se comporta como um sólido.

b) $\omega_2 = 0$ e $R_2 \to \infty$ (cilindro externo inexistente). $\Longrightarrow v(r) = \omega_1\, R_1^2/r$, temos assim um vórtice na origem.

Vamos calcular agora as forças e os momentos das forças entre as camadas do fluido e entre o fluido e as paredes do cilindro. Assim, sendo $d\vec{A} = r\, d\varphi\, dz\, \hat{r}_0$, o elemento de área sobre uma superfície cilíndrica (Fig. II.25), a força F_i é dada por:

$$F_i = \oint_{(S)} \Pi_{ir}\, dA_r\,,$$

onde

$$dA_r = d\varphi\, dz\, r \;\; (i = r, \varphi \text{ e } z).$$

Desse modo, temos, explicitamente:

$$F_r = \oint_{(S)} \Pi_{rr}\, dA_r\,,\;\; F_\varphi = \oint_{(S)} \Pi_{\varphi r}\, dA_r \;\;\text{ e }\;\; \oint_{(S)} \Pi_{zr}\, dA_r = F_z\,.$$

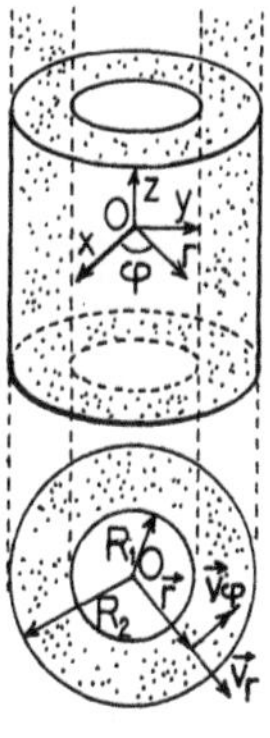

Fig. II.24

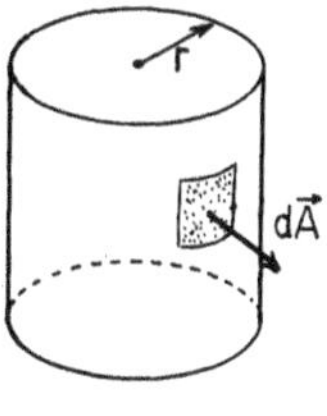

Fig. II.25

Usando as expressões dadas por Landau & Lifshitz para o tensor Π_{ij} em coordenadas polares cilíndricas, obtemos:

$$\Pi_{rr} = -p = 0 \;\;,\;\; \Pi_{zr} = \eta\left[\frac{\partial v_z}{\partial r} + \frac{\partial v_r}{\partial z}\right] = 0$$

e

$$\Pi_{\varphi r} = \eta\left[\frac{1}{r}\,\frac{\partial v_r}{\partial \varphi} + \frac{\partial v_\varphi}{\partial r} - \frac{v_\varphi}{r}\right] = \eta\left[\frac{\partial v_\varphi}{\partial r} - \frac{v_\varphi}{r}\right].$$

Como $v_\varphi(r) = ar + b/r$, a única força resultante $F_\varphi(r)$ é dada por

$$F_\varphi(r) = \oint_{(S)} \eta \left[\frac{\partial v_\varphi}{\partial r} - \frac{v_\varphi}{r}\right] dA_r = \eta \int_{\ell/2}^{\ell/2} dz \int_0^{2\pi} d\varphi \left[\frac{2b}{r}\right] = \frac{4\pi\eta b\ell}{r},$$

onde ℓ é o comprimento do cilindro.

Isso implica que a força exercida pelo fluido sobre o cilindro externo é $F_\varphi(R_2) = -4\pi\eta b\ell/R_2$ e sobre o interno, $F_\varphi(R_1) = -4\pi\eta b\ell/R_1$.

Consideremos uma camada de fluido (vide Fig. II.26) com raios entre r e $r+dr$ e vejamos qual é a resultante das forças sobre ela. Ora, a força sobre a parede externa é

$$F_\varphi(r+dr) = -\frac{4\pi\eta b\ell}{r+dr} \simeq -\frac{4\pi\eta b\ell}{r} + \frac{4\pi\eta b\ell}{r^2}\,dr$$

e, sobre a parede interna, $F_\varphi(r) = 4\pi\eta b\ell/r$. Conseqüentemente, a força resultante sobre a camada é $dF_\varphi = F_\varphi(r) + F_\varphi(r+dr) = 4\pi\eta b\ell\, dr/r^2$.

Assim, a força resultante $F_\varphi^{\text{fluido}}$ sobre todo fluido é:

$$F_\varphi^{\text{fluido}} = \int_{R_1}^{R_2} dF_\varphi(r) = 4\pi\eta b\ell \int_{R_1}^{R_2} \frac{dr}{r^2} = -4\pi\eta b\ell \left[\frac{1}{R_1} - \frac{1}{R_2}\right].$$

Como é de esperar (ação e reação), temos

$$F_\varphi(R_1) + F_\varphi(R_2) + F_\varphi^{\text{fluido}} = 0.$$

Notemos que, como o momento das forças sobre uma superfície cilíndrica de raio r é $M(r) = M_z(r) = r\,F_\varphi(r)$, o torque resultante sobre uma camada com raios

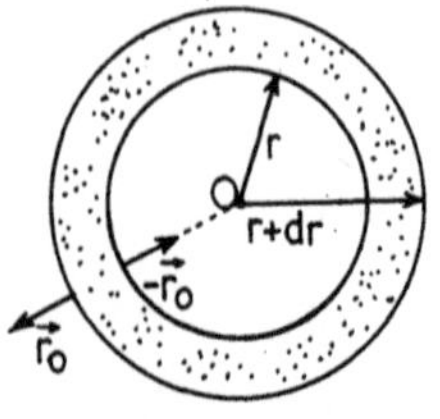

Fig. II.26

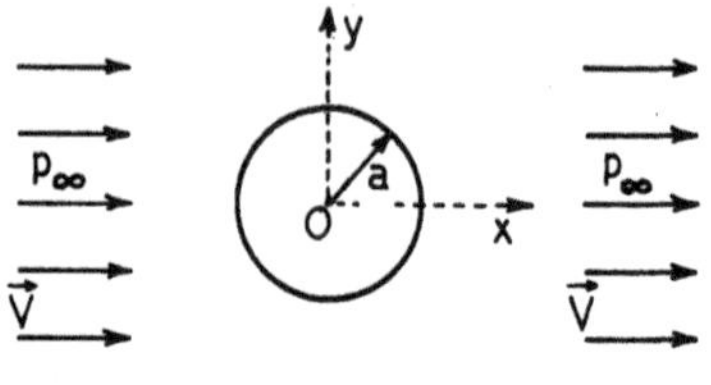

Fig. II. 27

r e $r+dr$ é zero. Se isso não acontecesse haveria uma aceleração angular resultante e o fluxo não seria estacionário. De fato, ainda de acordo com o exposto acima, vemos também que $M_z(R_1) = - M_z(R_2)$.

II.6. ESCOAMENTO EM TORNO DE UMA ESFERA – FÓRMULA DE STOKES

Estudaremos o escoamento, visto na Fig. II.27, de um fluido viscoso em torno de uma esfera que se move em relação ao mesmo com velocidade $\vec{V}$. Admitiremos que a esfera de raio a esteja parada e que sobre ela incida um fluido com velocidade $\vec{V}$. Supondo que o fluxo seja laminar e estacionário, a equação de Navier–Stokes (II.1.1) deverá ser obedecida: $\rho(\vec{v}\cdot\nabla)\vec{v} = -\nabla p + \eta\,\nabla^2\vec{v}$, desprezando–se efeitos gravitacionais. Além disso, as seguintes condições de contorno devem estar satisfeitas: $\vec{v}(r=\infty,\theta) = \vec{V}$ e $\vec{v}(r=a,\theta)=0$.

Numa primeira aproximação, vamos impor que $\nabla p/\rho \gg (\vec{v}\cdot\nabla)\vec{v}$ (discutiremos isso no fim dos nossos cálculos), o que nos leva a obter uma equação linear para o fluxo:

$$\nabla p = \eta\,\nabla^2\vec{v}\,. \tag{II.5.1}$$

Aplicando o operador $\nabla\cdot$ em ambos os lados da Eq. (II.5.1) e lembrando que $\nabla\cdot\vec{v}=0$, obtemos $\nabla\cdot(\nabla p) = \eta\,\nabla^2(\nabla\cdot\vec{v}) = 0$, ou seja, $\nabla^2 p(r,\theta) = 0$, onde omitimos a variável φ por simetria. A solução geral dessa equação é dada pela série

$$p(r,\theta) = p_\infty + \sum_l \left[\frac{C_l}{r^{\,l+1}} + D_l\, r^l\right] P_l(\cos\,\theta),$$

Porém, como não devem existir pontos onde $p\to\infty$, devemos ter $D_l = 0$. Assim, ficaríamos simplesmente com

$$p(r,\theta) = p_\infty + \sum_{l=0}^{\infty} C_l\,\frac{P_l(\cos\ \theta)}{r^{l+1}} \qquad (r \geq a).$$

Bem, voltando a analisar a Eq. (II.5.1) constata–se que ela tem como solução particular o campo de velocidades $\vec{v}_1 = C\,r^2\,\nabla p$. De fato, lembrando que $\nabla^2(r^2\vec{g}) = \vec{g}\,\nabla^2(r^2) + r^2\,\nabla^2\vec{g}$, vemos que

$$\nabla^2\vec{v}_1(r,\theta) = C\,\nabla^2(r^2\nabla p) = \frac{1}{r^2}\frac{\partial}{\partial r}\left[r^2\,\frac{\partial r^2}{\partial r}\right]\nabla p + r^2\,\nabla(\nabla^2 p).$$

Como $\nabla^2 p = 0$, verifica–se que $\nabla^2 \vec{v}_1 = 6\ C\,\nabla p$, donde se tira $C = 1/6$. Assim, uma solução particular de (II.5.1) é $\vec{v}_1(r,\theta) = (r^2/6\eta)\nabla p$. Como a função $\vec{v}_2 = -(a^2/6\eta)\nabla p$ também é uma solução particular da referida equação, devemos esperar que um campo do tipo: $\vec{v} = f(\vec{r})\,\vec{V} + (r^2 - a^2)\nabla p/6\eta$ seja a solução geral, onde $f(\vec{r})$ é uma função que deve ser determinada para resolver o problema. Como

$$\lim_{r\to\infty} r^2\,\nabla p = 0,$$

a condição

$$\lim_{r\to\infty} f(\vec{r}) = 1$$

deve ser obedecida, pois

$$\lim_{r\to\infty} \vec{v}(r,\theta) = \vec{V}.$$

Por outro lado, como

$$\nabla^2 \vec{v} = \vec{V}\,\nabla^2 f(r,\theta) + \frac{\nabla^2[(r^2 - a^2)\ \nabla p]}{6\eta} = \vec{V}\,\nabla^2 f(r,\theta) + \frac{\nabla p}{\eta},$$

a função $f(r,\theta)$ deve ser tal que $\nabla^2 f(r,\theta) = 0$. Nesse caso, $f(r,\theta)$ deve ser dado por:

$$f(r,\theta) = \sum_{l=0}^{\infty} \left[A_l\, r^l + \frac{B_l}{r^{l+1}} \right] P_l(\cos\theta),$$

onde $A_l = 0$ ($l \geq 1$) para que não haja divergência quando $r \to \infty$. Assim,

$$f(r,\theta) = A_0 + \frac{B_0}{r} + \sum_{l=1}^{\infty} \frac{B_l\ P_l\ (\cos\theta)}{r^{\ l+1}}.$$

Como $\vec{v}(r = a,\theta) = 0$, temos $f(r = a,\theta) = 0$, o que implica no seguinte:

$$f(a,\theta) = A_0 + \frac{B_0}{a} + \frac{B_1 P_1(\cos\theta)}{a^2} + \frac{B_2 P_2(\cos\theta)}{a^3} + \cdots = 0,$$

donde deduzimos $B_0 = -A_0 a$ e $B_l = 0$ ($\ell \geq 1$). Ficamos, então com

$$\vec{v}(r,\theta) = \vec{V}\left[1 - \frac{a}{r}\right] + \frac{1}{6\eta}(r^2 - a^2)\ \nabla p(r,\theta)$$

onde precisamos ainda determinar $p(r,\theta)$. Ora, basta agora impor o vínculo $\nabla\cdot\vec{v}(r,\theta) = 0$:

$$\nabla\cdot\vec{v} = \vec{V}\cdot\nabla\left(\frac{a}{r}\right) + \frac{1}{6\eta}\left[\nabla r^2\cdot\nabla p - a^2\,\nabla^2 p\right] = a\,\frac{\vec{V}\cdot\vec{r}_0}{r^2} + \frac{r}{3\eta}\,(\nabla p)\cdot\vec{r}_0$$

$$= \frac{Va\ \cos\theta}{r^2} + \frac{r}{3\eta}\,\vec{r}_0\cdot\nabla p = \frac{Va\ \cos\theta}{r^2} + \frac{r}{3\eta}\,\vec{r}_0\cdot\nabla\left[p_\infty + \frac{C_0}{r} + \frac{C_1\ \cos\theta}{r^2} + \cdots\right]$$

$$= \frac{Va\ \cos\theta}{r^2} + \frac{C_0}{3\,\eta r} + \frac{2C_1\ \cos\theta}{3\eta r^2} + \begin{bmatrix}\text{termos com } P_l\\ l = \ 2,3,\ldots\end{bmatrix} = 0$$

para qualquer (r,θ). Isso permite concluir que $C_0 = 0$, $C_1 = -\,3\eta Va/2$ e $C_l = 0$ ($l = 2,3,\ldots$). Portanto, o campo de pressões $p(r,\theta)$ é dado por:

$$p(r,\theta) = p_\infty - \frac{3\eta}{2}\,Va\,\frac{\cos\theta}{r^2} = p_\infty - \frac{3\eta}{2}\,a\,\frac{\vec{V}\cdot\vec{r}_0}{r^2}.$$

Assim, obtemos o campo de velocidades

$$\vec{v}(r,\theta) = \vec{V}\left[1 - \frac{a}{r}\right] + \frac{Va}{4}\,(r^2 - a^2)\,\nabla\left[\frac{\cos\theta}{r^2}\right], \tag{II.5.2}$$

que, decomposto em componentes radial e tangencial da velocidade, dá:

$$\begin{cases} v_r(r,\theta) = \ \ V\cos\theta\left[1 - \dfrac{3a}{2r} + \dfrac{a^3}{2r^3}\right] \\[2ex] v_\theta(r,\theta) = -V\,\mathrm{sen}\,\theta\left[1 - \dfrac{3a}{4r} - \dfrac{a^3}{4r^3}\right]. \end{cases}$$

O escoamento, que é laminar, em torno da esfera seria representado pela Fig. II.28.

Bem, uma vez obtido o campo $\vec{v}(r,\theta)$ podemos calcular a força $\vec{F}$ exercida pelo fluido sobre a esfera. Ora, de acordo com a Sec. II.1, a força $\vec{F}$ é dada por

$$\vec{F} = \int_{(V)} \vec{G}\,d^3x = -\oint_{(S)} \vec{T}_i\,dA_i\,,$$

onde

$$d\vec{A} = -\,dA\,\vec{r}_0 = -\,dA\,\frac{\vec{r}}{r} = -\,dA\left[\frac{x}{r}\,\vec{i} + \frac{y}{r}\,\vec{j} + \frac{z}{r}\,\vec{k}\right],$$

$$\vec{T}_i = \Pi_{ix}\vec{i} + \Pi_{iy}\vec{j} + \Pi_{iz}\vec{k}$$

e a superfície (S) é a da esfera de $r = a$ (vide Fig. II.29). Portanto,

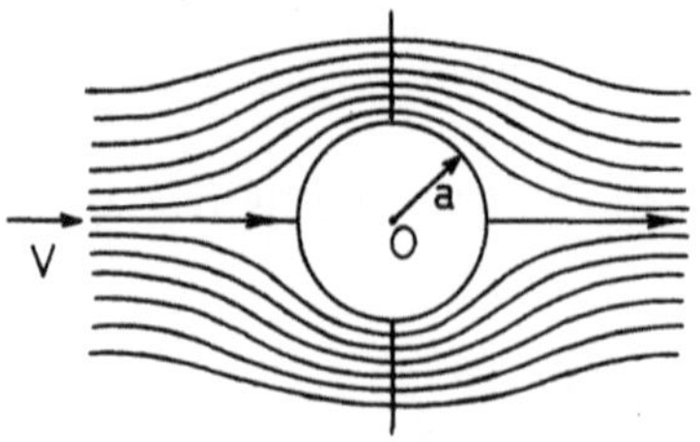

Fig. II.28

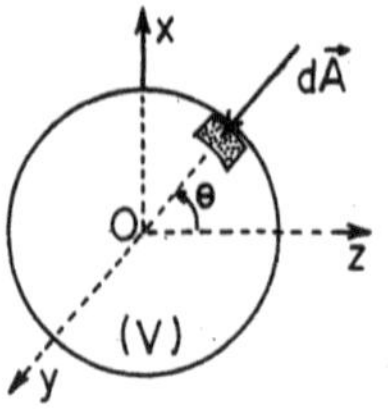

Fig. II.29

$$\vec{F} = -\oint_{(S)} \left[\vec{T}_x \frac{x}{r} + \vec{T}_y \frac{y}{r} + \vec{T}_z \frac{z}{r}\right] dA = -\oint_{(S)} \vec{f}\, dA\,,$$

onde

$$f_i = x_j \frac{\Pi_{ji}}{r} = \frac{x_j}{r}\left[p\delta_{ij} - \eta\left[\frac{\partial v_j}{\partial x_i} + \frac{\partial v_i}{\partial x_j}\right]\right],$$

de acordo com as Eqs. (II.1.4) e (II.1.6). A força f_i pode também ser escrita na forma

$$f_i = \frac{x_i}{r}\, p - \frac{\eta}{r}\left[\frac{\partial}{\partial x_i}(x_j\, v_i) - v_i + x_j \frac{\partial v_i}{\partial x_j}\right],$$

dando

$$\vec{f} = \frac{\vec{r}}{r} - \frac{\eta}{r}\left[\nabla(\vec{r}\cdot\vec{v}) - \vec{v} + (\vec{r}\cdot\nabla)\vec{v}\right].$$

Assim, levando em conta $\vec{v}(r,\theta)$ dada pela Eq. (II.5.2)

$$\left[\frac{1}{r}(\vec{r}\cdot\nabla)\vec{v}\right]_{r=a} = \left[\frac{\partial\vec{v}}{\partial r}\right]_{r=a} = \frac{3}{2}\frac{\vec{V}}{a} - \frac{3}{2}\vec{r}_0\, V\frac{\cos\theta}{a}$$

e

$$[\nabla(\vec{r}\cdot\vec{v})]_{r=a} = \nabla\left[rV\cos\theta\left[1 - \frac{3a}{2r} + \frac{a^3}{2r^3}\right]\right]_{r=a} = 0.$$

Conseqüentemente,

$$\vec{f}(r=a,\theta) = \vec{r}_0\, p_\infty - \frac{3\eta}{2a}\vec{r}_0(\vec{V}\cdot\vec{r}_0) - \eta\left[\frac{3}{2}\frac{\vec{V}}{a} - \frac{3}{2}\frac{\vec{r}_0\cdot\vec{V}}{a}\vec{r}_0\right]$$

$$= \vec{r}_0\, p_\infty - \left[\frac{3\eta}{2a}\right]\vec{V}.$$

Introduzindo $\vec{f}(r=a,\theta)$ na integral em $\vec{F}$:

$$\vec{F}=\oint_{(S)}\vec{f}(r=a,\theta)dA=\int_0^{2\pi}d\varphi\int_0^{\pi}a^2\,\mathrm{sen}\theta\,d\theta\left[\vec{r}_0\,p_\infty-\frac{3\eta}{2a}\vec{V}\right],$$

lembrando que $dA=a^2\,d\Omega=a^2\,\mathrm{sen}\theta\,d\theta\,d\varphi$. Como $\vec{r}_0=\cos\theta\,\vec{k}+\mathrm{sen}\theta\cos\varphi\,\vec{i}+$ $+\,\mathrm{sen}\theta\,\mathrm{sen}\,\varphi\,\vec{j}$, a integral com $\vec{r}_0$ se anula, restando:

$$\vec{F}=-6\,\pi\,\eta\,a\,\vec{V}. \tag{II.5.3}$$

que é conhecida como **Fórmula ou Lei de Stokes**. Na obtenção da Eq. (II.5.3) assumimos que $(\vec{v}\cdot\nabla)\vec{v}\ll\nabla p/\rho$. Ora, como

$$\frac{\nabla p}{\rho}\sim\frac{1}{\rho}\frac{\eta Va}{r^3}$$

e

$$(\vec{v}\cdot\nabla)\vec{v}\sim\frac{V^2a}{r^2},$$

devemos ter a seguinte condição, $(V\eta a/\rho r^3)\gg V^2a/r^2$, ou seja, $r^*=(\eta/\rho V)\gg r$. Em outras palavras, os campos $\vec{v}(r,\theta)$ e $p(r,\theta)$ obtidos por Stokes são válidos somente para distâncias muito menores do que r^*. Oseen (1910), para levar em conta distâncias maiores, usou a aproximação $(\vec{v}\cdot\nabla)\vec{v}\simeq(\vec{V}\cdot\nabla)\vec{v}$ e obteve a equação $(\vec{V}\cdot\nabla)\vec{v}=-\nabla p/\rho+\eta\nabla^2\vec{v}$, que, resolvida, dá a força $\vec{F}$:

$$\vec{F}=-6\pi\eta a\vec{V}\left[1+\frac{3}{8}\frac{aV\rho}{\eta}\right]. \tag{II.5.4}$$

Definindo **coeficiente de arrastamento** (ou **drag**)

$$C_D\equiv\frac{F}{\pi\rho}\cdot\frac{1}{\left(\frac{Va^2}{2}\right)}$$

e lembrando que o número de Reynolds para uma esfera de raio a é dado por $R=2aV\rho/\eta=2aV/\nu$, a força obtida por Oseen dá:

$$C_D=\frac{24}{R}\left[1+\frac{3R}{16}\right].$$

Se tivéssemos levando em conta a fórmula de Stokes, teríamos simplesmente $C_D=24/R$. Na Fig. II.30, vemos os resultados experimentais de C_D comparados com os teóricos de Stokes (1) e Oseen (2).

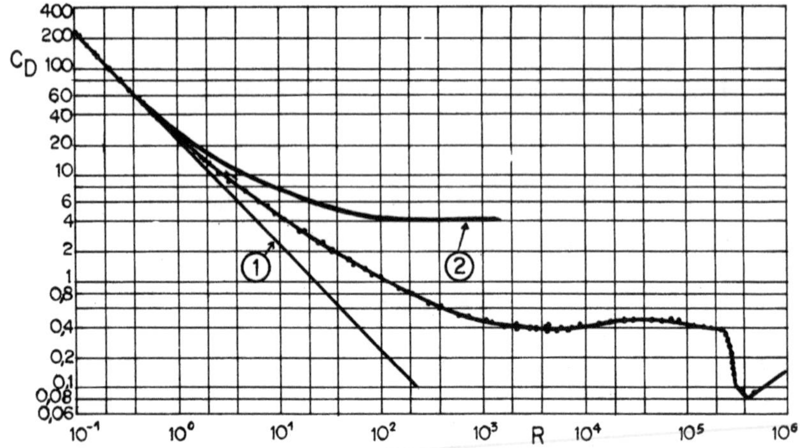

Fig. II.30

Para pequenos valores de R, mais exatamente para $R \lesssim 0{,}2$, os efeitos do termo $(\vec{v}\cdot\nabla)\vec{v}$ são desprezíveis e a aproximação de Stokes é muito boa. O escoamento é **laminar** e o coeficiente C_D se deve somente ao atrito $\eta(\partial v_i/\partial v_j + \partial v_j/\partial v_i)$ existente na camada–limite. A resultante das forças de pressão $p(r,\theta)$ é nula, conforme se pode verificar na integração efetuada para obter $\vec{F}$.

Aumentando a velocidade do fluido, ou seja, aumentando R, surge a camada–limite laminar que, ao se descolar, dá origem aos vórtices, num regime estacionário, atrás da esfera, como vemos na Fig. II.31.

Quando $R > 20$, os dois vórtices se alongam e começam a oscilar quando $R \sim 40$, mas o regime é ainda periódico laminar. Para $100 > R > 40$ os vórtices localizados atrás da esfera se separam da mesma e se movem ao longo da corrente. Uma vez se desprende o de cima e outra vez o de baixo, gerando uma esteira de vórtices.

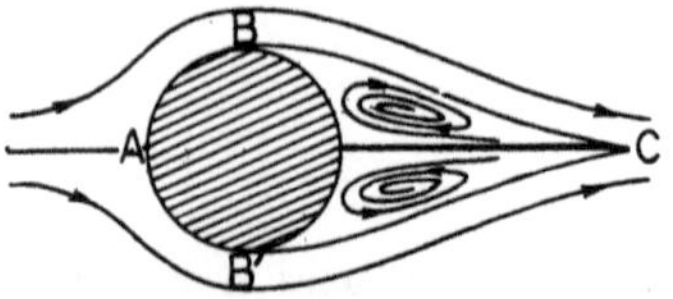

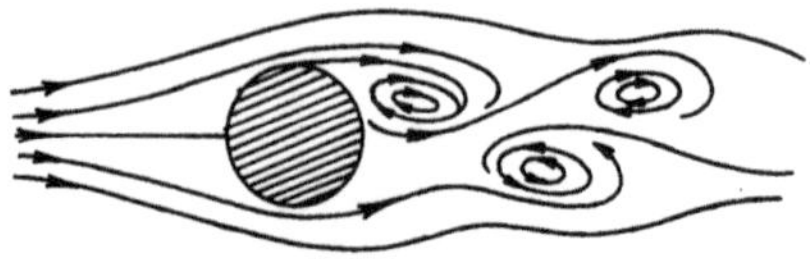

Fig. II.31

Fig. II.32

Para esses valores de R, o regime de escoamento é **periódico**: ele varia com o tempo, mas de um modo regular, cíclico.

Quando se aumenta a velocidade de escoamento, ou seja, quando temos $R > 100$, os vórtices são arrancados com uma freqüência cada vez maior da esfera. Chega–se a um ponto em que, devido às altas velocidades do fluxo, eles são destruídos, não tendo tempo de se difundirem ao longo da esteira, que se torna **turbulenta**: o movimento é muito irregular e aparentemente caótico; as linhas de corrente se emaranham e variam de instante a instante. Há, entretanto, uma certa periodicidade no fluxo. Ele é **turbulento periódico**. Vemos, na Fig. II.33, um esquema de escoamento para $10^5 > R > 100$.

Quando $R > 10^5$, o escoamento é turbulento com pouca evidência de periodicidade. A região turbulenta (rastro ou esteira) é comprimida pelo fluxo laminar externo, conforme vemos na Fig. II.34.

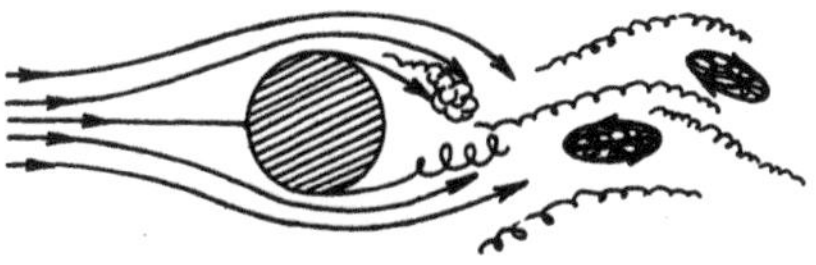

Fig. II.33

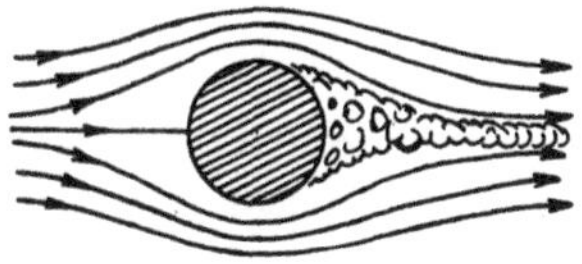

Fig. II.34

A resistência cai bruscamente para $R \simeq 4 \times 10^5$. Para $R > 10^6$, o coeficiente C_D cresce novamente e o regime continua turbulento. Parece que, para $R > 10^7$, a resistência C_D é independente de R; entretanto os resultados experimentais ainda são pouco precisos e não temos muita certeza do que ocorre.

Como ainda não existem tratamentos matemáticos rigorosos satisfatórios que descrevam o escoamento ao redor de um corpo, a partir do momento em que aparecem vórtices, temos de nos contentar em explicar e estimar os efeitos de modo aproximado. Usualmente, nesses casos, utilizamos métodos semi–empíricos baseando–nos em informações obtidas de observações experimentais. Imbuídos desse espírito é que iremos continuar a análise do fluxo ao redor de uma esfera. Queremos ressaltar, entretanto, que as considerações feitas a seguir valem para quaisquer corpos imersos em um fluido. Assim, a partir do instante em que surgem os vórtices, isto é, quando $R > 0{,}2$, podemos dividir o escoamento ,grosso modo, em duas regiões distintas (Fig. II.35):

1) Região $B\alpha\beta DCB$, que denominaremos **rastro** ou **esteira**, onde se localizam os vórtices e as turbulências.

2) Região **externa ao rastro**, onde o fluido pode ser considerado perfeito e irrotacional, pois os gradientes de velocidades são muito pequenos e as forças de viscosidade desprezíveis.

No rastro a velocidade de escoamento é bem menor do que $\vec{V}$ e o campo de velocidades $\vec{v}$ pode ser representado aproximadamente, atrás do corpo, pela Fig. II.36. Por essa razão, dizemos que atrás do obstáculo há um "fluido morto".

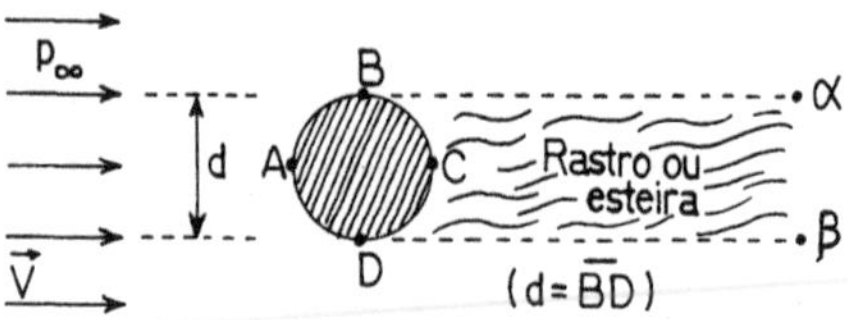

Fig. II.35

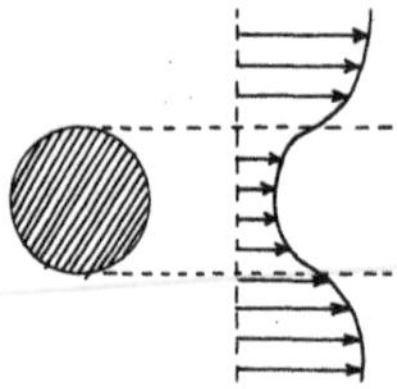

Fig. II.36

Uma estimativa das forças devidas à pressão (forças de inércia) pode ser feita levando–se em conta a distribuição de velocidades vista acima e a variação do fluxo de momento linear (vide Sec. I.4). Assim, sendo A a área do sólido projetada sobre o plano perpendicular a $\vec{V}$, vemos que $F_{\text{pressao}} \sim \rho V^2 A$. Considerando–se as forças de atrito devidas à viscosidade, verifica–se que a **força de arrasto** $F_D =$ $= F_{\text{atrito}} + F_{\text{pressao}}$ sobre o sólido pode ser escrita na forma $F_D = C_D \frac{1}{2} \rho V^2 A$, onde C_D é denominado **coeficiente de resistência** ou **de arrasto**, que, no caso geral, é função do número de Reynolds, $C_D = f(R)$. A função $f(R)$ depende da forma e da orientação do corpo em relação ao escoamento principal.

Como vimos, quando $R < 0{,}2$ no caso de uma esfera, $F_D = 6\pi\eta Va$, donde se conclui que $C_D(R) = 24/R$. Quando $0{,}2 < R \lesssim 500$, as forças de inércia são da ordem de grandeza das forças de atrito e constata–se que C_D é dado pela relação empírica devida a Allen: $C_D = 18{,}5/R^{0{,}6}$. Quando $10^5 \gtrsim R > 500$, as forças de inércia são predominantes e temos $C_D \cong 0{,}44$ (vide Fig. II.30).

Na Fig. II.37, vemos o coeficiente de pressão $C_p = [p(a,\theta) - p_\infty]/\frac{1}{2} \rho V^2$, definido sobre a esfera ($r = a$) para os números de Reynolds $R = 1{,}6 \times 10^5$ e $3{,}0 \times 10^5$, comparado com o caso de um fluxo ideal visto na Sec. (I.7.M), onde mostramos que a pressão $p(a,\theta) = p_\infty - \rho V^2 (9 \text{ sen}^2\theta - 4)/8$.

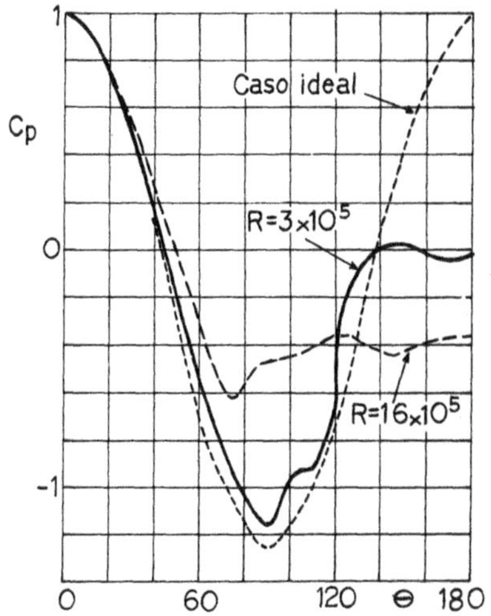

Fig. II.37

O escoamento de fluido perfeito fornece uma boa representação da velocidade e da pressão (vide Fig. II.37) na região longe dos efeitos de descolamento da camada-limite e da esteira.

II.7. COEFICIENTE DE ARRASTO PARA CILINDROS CIRCULARES, PRISMAS E PLACAS

Como vimos na secção anterior, o coeficiente de arrasto, de resistência, ou **drag**, C_D, para um corpo é definido pela relação $C_D(R) = F_D/\frac{1}{2}\rho V^2 A$, onde A é a área do corpo projetada no plano normal ao escoamento principal. Além desse, temos também o **coeficiente de pressão**, C_p, definido por $C_p = (p-p_\infty)/\frac{1}{2}\rho V^2$, onde p é a pressão do fluido sobre a superfície do corpo.

Nas Figs. II.38 e 39 vemos $C_D(R)$ e $C_p(\theta)$ para um cilindro circular.

O coeficiente de pressão $C_p(\theta)$ para $R = 7 \times 10^4$ e $R = 2{,}1 \times 10^5$ é comparado com o caso de um escoamento ideal, que, de acordo com o que foi calculado na Sec. I.7.N é dado por $C_p(\theta) = [p(a,\theta)-p_\infty]/\frac{1}{2}\rho V^2 = 1 - 4\,\mathrm{sen}^2\theta$, no caso de um cilindro não girando ($\Gamma = 0$).

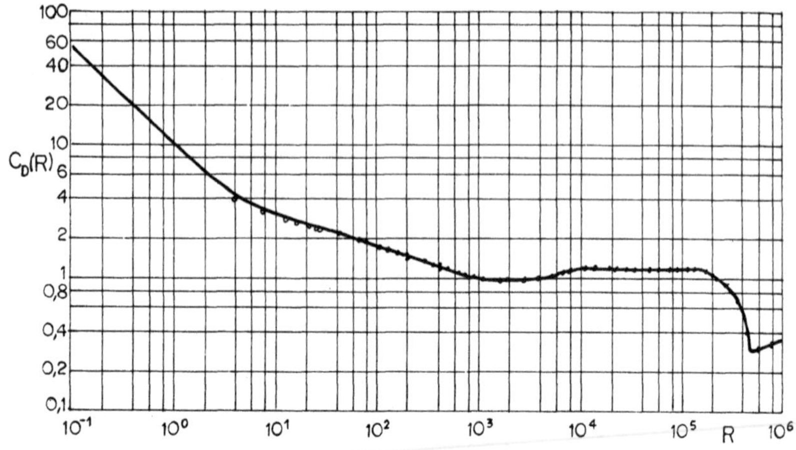

Fig. II.38

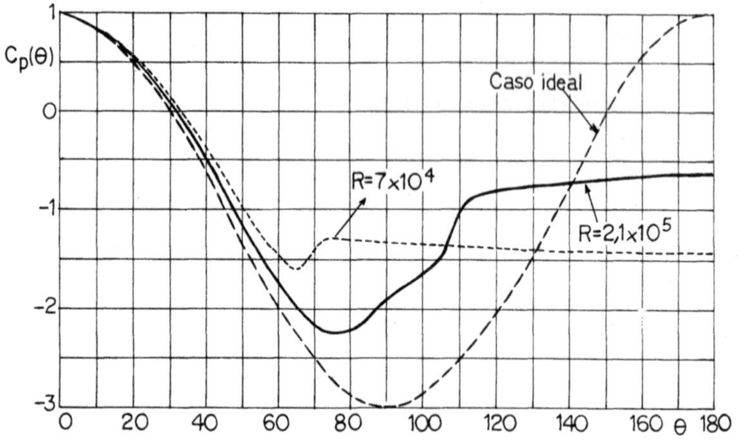

Fig. II.39

Na Tab. II.1, mostramos coeficientes de arrasto típicos para vários cilindros e prismas.

No caso de uma **placa**, de comprimento L, **perpendicular** ao fluxo (Fig II.40), verifica–se que, para $R > 10^4$, temos os C_D mostrados na Tab. II.2. em função da razao L/d.

Tab. II.1

Tabela II.1

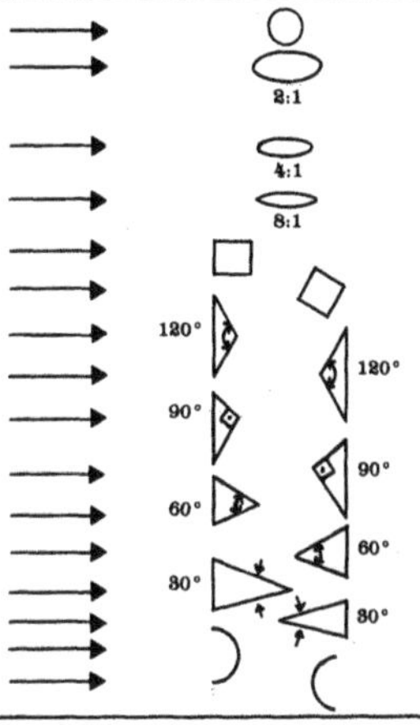

Forma do corpo	C_D	Número de Reynolds
Cilindro	1,2	10^4 para $1{,}5 \times 10^5$
Prismas elíticos	0,6	4×10^4
	0,46	10^5
	0,32	$2{,}5 \times 10^4$ para 10^5
	0,29	$2{,}5 \times 10^4$
	0,20	2×10^5
Prisma quadrado	2,0	$3{,}5 \times 10^4$
	1,6	10^4 para 10^5
Prisma triangulares	2,0	10^4
	1,72	10^4
	2,15	10^4
	1,60	10^4
	2,20	10^4
	1,39	10^4
	1,8	10^4
	1,0	10^4
Semitubulares	2,3	4×10^4
	1,12	4×10^4

Tabela II.2

L/D	C_D
1	1,16
5	1,20
20	1,50
∞	1,95

Se a placa estiver num **plano paralelo** ao do fluxo, verifica–se que, no caso **laminar** ($R = V\ell/\nu < 5 \times 10^5$), o coeficiente C_D, para **um** dos lados da placa, é dado por $C_D = 1{,}327/\sqrt{R}$, de acordo com o que vimos na Sec. II.3. Quando o regime for **turbulento**, isto é, $R > 5 \times 10^6$, $C_D = 0{,}074/R^{1/5}$ e, no caso **intermediário**, $5 \times 10^5 < R < 5 \times 10^6$, $C_D = 0{,}074/R^{1/5} - 1{,}700/R$. (Vide Fig. II.41.)

Lembramos que nesse último caso a força de resistência F_D é dada pela relação $F_D = C_D \frac{1}{2} \rho V^2 A$, onde A é a área de uma das faces da placa.

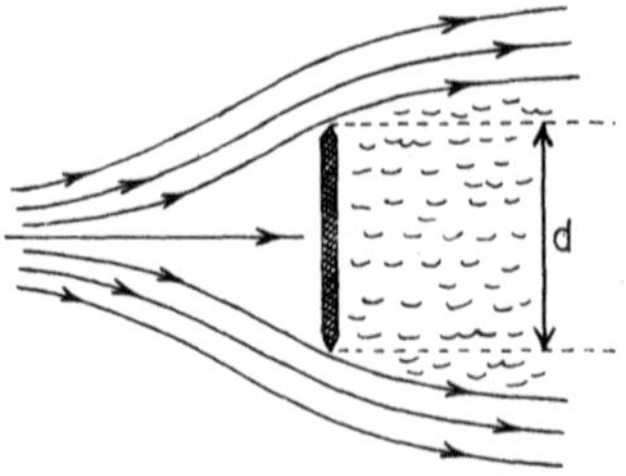

Fig. II.40

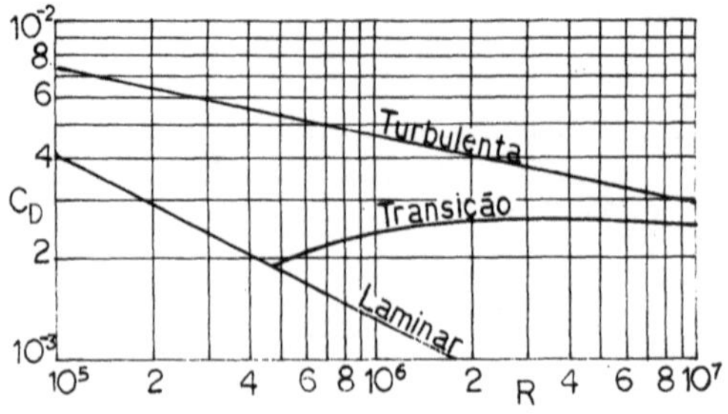

Fig. II.41

Notemos que o coeficiente C_D, para um cilindro de **corda** c e **largura** d (vide Fig. II.42), depende da razão d/c. Ora, se $d \to 0$, temos uma placa onde a resistência é devida somente às forças de atrito. Por outro lado, se $c \to 0$, a resistência é gerada unicamente pelas forças de pressão (ou **drag form**).

Na Fig. II.43, vemos os resultados experimentais para C_D no caso de um cilindro aerodinâmico e $R = Vc/\nu = 4 \times 10^5$. O coeficiente $C_{D,c}$ é obtido fixando–se a corda c e variando–se a largura d. Verifica–se que, no limite $d/c \to 0$, o coeficiente de arrasto coincide com o de uma placa paralela ao fluxo.

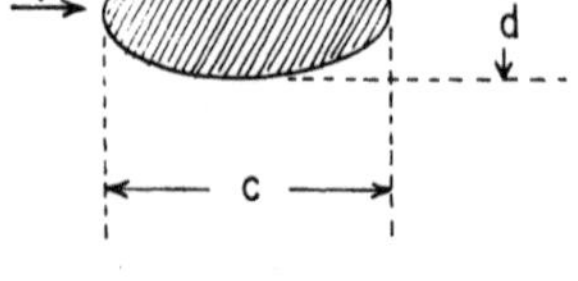

Fig. II.42

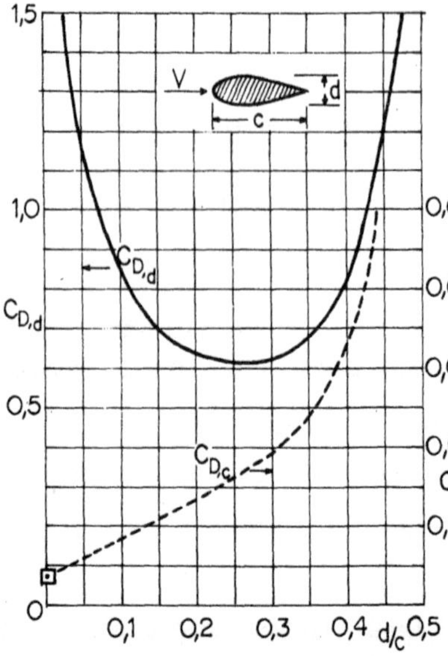

Fig. II.43

Quando o corpo tem uma largura não–desprezível d e se varia a corda c, obtém–se $C_{D,d}$ em função de d/c. Nesse caso, verifica–se que o $C_{D,d}$ tem um mínimo para $d/c = 0{,}27$. Nessa região, as forças de pressão e de atrito devem ser da mesma ordem de grandeza.

Para terminar a secção, queremos ressaltar que os resultados apresentados até aqui foram obtidos para corpos com superfícies lisas. Os efeitos de asperezas e rugosidades são muito importantes na determinação de C_D, mas não nos preocuparemos com esse problema durante o curso (vide, por exemplo, Swanson).

II.8. EFEITO DA COMPRESSIBILIDADE NO ARRASTO

O número de Mach definido por $M = V/c$, onde c é a velocidade do som no fluido em repouso, exprime os efeitos da compressibilidade, como vimos na Sec. I.7.G.

Quando o corpo se move com velocidade V menor do que c, como na Fig. II.44, onde supomos $M = V/c = 1/2$, a onda caminha à frente da fonte perturbadora e dá ao fluido oportunidade de se ajustar à chegada do objeto.

Entretanto, no movimento supersônico ($M > 1$), o corpo se desloca mais rapidamente que a onda esférica emitida, gerando uma onda em forma de cone com o vértice sobre a fonte. O ângulo $\alpha = \text{sen}^{-1}(ct/Vt) = \text{sen}^{-1}(c/V)$ chama–se **ângulo de Mach**. A frente cônica de pressão, que é o lugar de acumulação de energia, chama–se **onda de choque** ou **onda de Mach** (ou, ainda, **onda balística**). Através

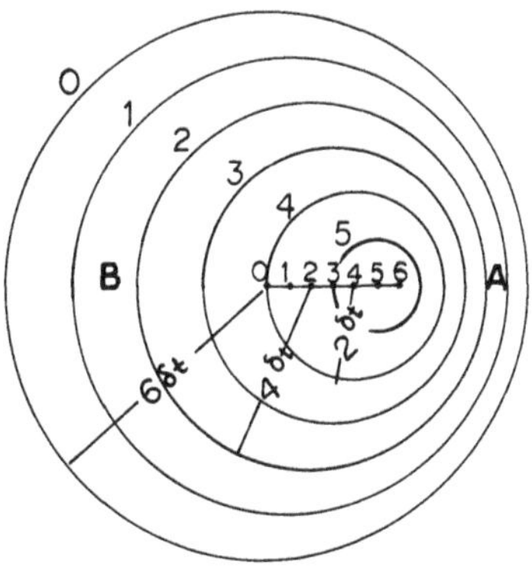

Fig. II.44

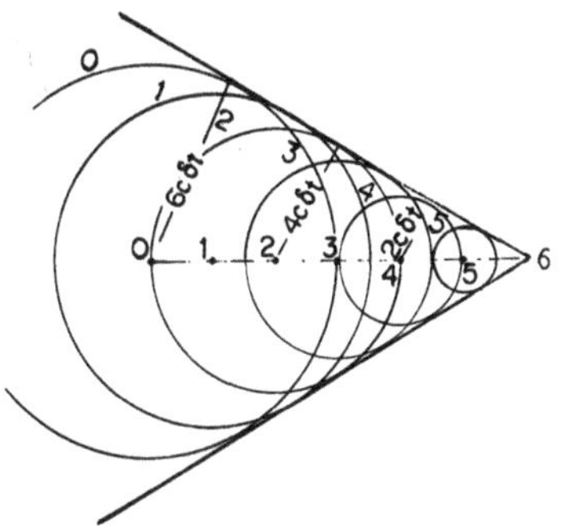

Fig. II.45

da onda de choque, há uma brusca variação das grandezas do fluxo, tais como pressão e velocidade. Na Fig. II.45, ilustramos o caso em que $M = V/c = 2$.

Quando $M \gtrsim 1$, o arrasto independe do número de Reynolds e varia muito com M. Para $M < 0{,}7$, o corpo, para ter arrasto mínimo, deve ter frente arredondada e corpo afilado como uma asa de pássaro ou de avião.

Para $M \gtrsim 0{,}7$, o arrasto cresce muito rapidamente devido à formação de vórtices atrás do corpo e também devido à formação de ondas de choque. Nessas condições, para que C_D seja o menor possível, o corpo deve ter nariz afilado ou bordo de ataque delgado. Na Fig. II.46, temos C_D para quatro tipos de projéteis em função de M.

Na Fig. II.47 vemos duas balas se movimentando na água. Como $\alpha \simeq 34°$, o número de Mach é $M \simeq 1{,}78$. Notamos claramente a esteira de vórtices e as ondas de choque que surgem nessas regiões perturbadas que são visíveis devido à variação da densidade do fluido.

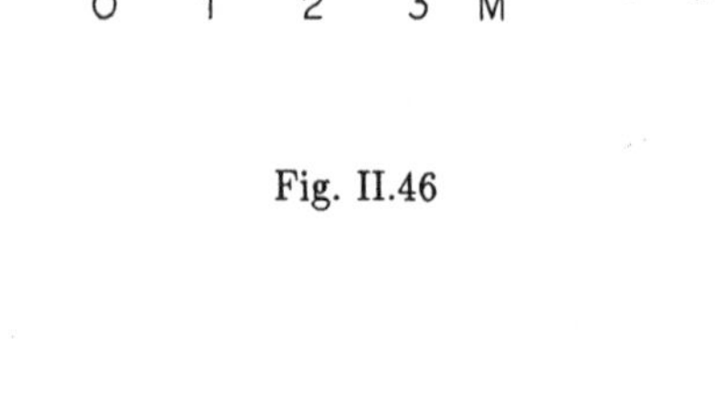

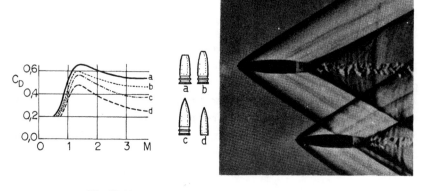

Fig. II.46

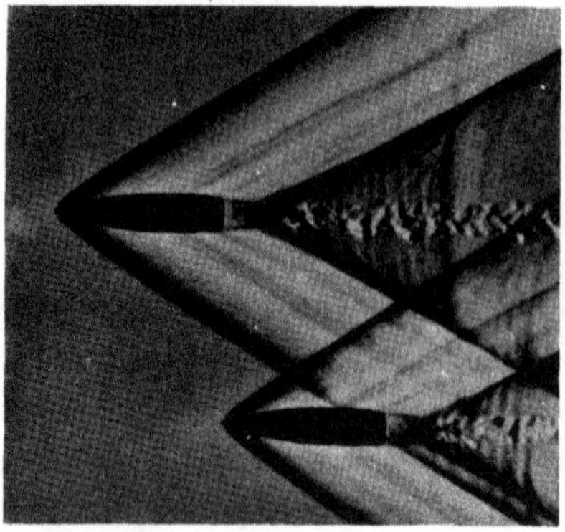
Fig. II.47

II.9. ESCOAMENTO EM TUBOS E EM CANAIS

Consideremos um fluido que escoa em regime estacionário em um tubo cilíndrico horizontal: se ele fosse perfeito, a aplicação do teorema de Bernouilli indicaria que a pressão seria a mesma em todas as suas secções. Porém, num fluido real, verifica–se que a pressão diminui ao longo do tubo. A variação de pressão $p_1 - p_2 = \Delta p$ denomina–se **perda de carga** entre as secções 2 e 1. Se o fluxo é dado por $\tilde{Q}$ [cm^3/s], a potência necessária para manter o fluido escoando nesse regime permanente é $Pot = \tilde{Q} \cdot \Delta p$. Essa potência é transformada em calor, no sistema tubo & fluido, devido à viscosidade. Como o fluxo de massa é $\rho\tilde{Q} = \Delta m/\Delta t$, o aquecimento do fluido no processo, admitindo-se que não haja trocas de calor com o tubo e o ambiente, é dado por $\Delta M\, c_v\, \Delta T = Pot \times \Delta t$, onde ΔT é a variação de temperatura e c_v o calor específico do fluido a volume constante. Assim, a variação de temperatura do fluido será $\Delta T = \Delta p/\rho c_v$.

Se o escoamento ao longo do tubo se efetua com velocidades relativamente pequenas o fluxo pode ser **laminar** e, conforme vimos na Sec. II.5B, o perfil de velocidades $v(r)$ (vide Fig. II.48) é **parabólico:**

$$v(r) = V_{\max}\left[1 - \left[\frac{r}{a}\right]^2\right],$$

onde a é o raio do tubo e $V_{\max}$ é a velocidade no centro do tubo. O valor médio de $v(r)$ é dado por

$$\bar{v} = \left[\frac{2\pi}{\pi a^2}\right]\int_0^a v(r)\; r dr = \frac{V_{\max}}{2}.$$

Por outro lado, como o fluxo $\tilde{Q} = \pi a^2 \bar{v}$, a **lei de Hagen–Poiseuille** (vide Sec. II.5.c) pode ser escrita como:

$$\Delta p = 8\eta\frac{\ell}{a^2}\,\bar{v} = \left[\frac{16\eta\ell}{\bar{v}\rho a^2}\right]\rho\frac{\bar{v}^2}{2},$$

ou ainda

$$\Delta p = \frac{16}{R}\,\frac{\ell}{a}\,\rho\,\frac{\bar{v}^2}{2} \tag{II.9.1}$$

onde $R = a\bar{v}/\nu$ é o número de Reynolds para o escoamento.

É interessante notar que a Eq. (II.9.1) vale para um regime permanente; quando há um transiente, a distribuição de velocidades ao longo do tubo varia e é necessário levarmos em conta **perdas** de energia cinética (vide Prandtl and Tietjens II, pág. 23). Nesse caso, a variação de pressão seria dada por $\Delta p = (8\eta l/a^2)\bar{v} + \alpha\,\rho\,\bar{v}^2/2$, onde $\alpha \simeq 2$. Num tubo capilar $(a \to 0)$ as perdas de energia cinética $(\alpha\,\rho\,\bar{v}^2/2)$ são desprezíveis e, então $\Delta p = (8\,\eta\,\ell/a^2)\bar{v} \cong (16/R)(\ell/a)\rho\,\bar{v}^2/2$.

Aumentando a velocidade de escoamento, o fluxo se torna turbulento. Na Fig. II.49 mostramos o escoamento de um filamento colorido e de água nos casos **laminar** (a) e **turbulento** (b) e (c). No caso (b), o número de Reynolds (no ponto em que começa a turbulência) é menor do que no caso (c).

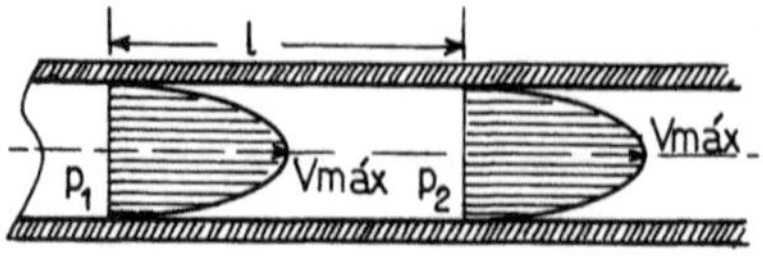

Fig. II.48

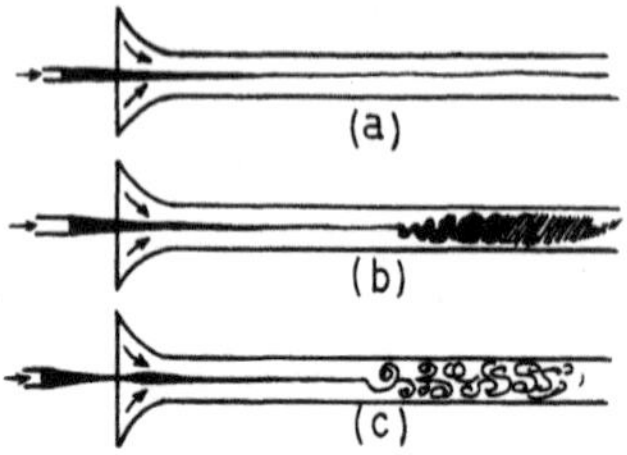

Fig. II.49

Nas Figs. II.50 e II.51 ilustramos o fluido turbulento visto respectivamente por um observador no laboratório e por um observador que se move acompanhando o fluido.

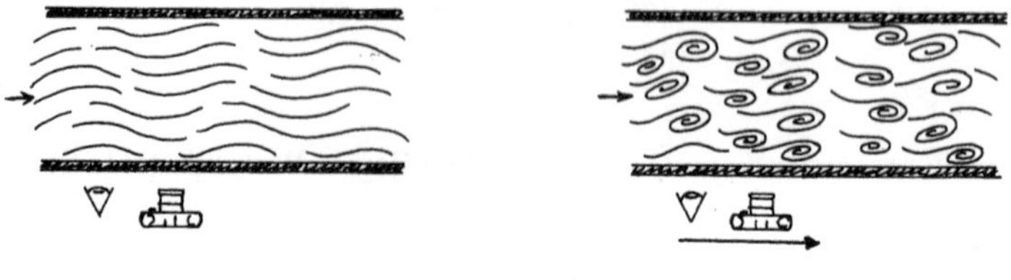

Figs. II.50 e II.51

Quando o regime é turbulento o perfil de velocidades $\bar{v}(r)$ é achatado (vide Fig. II.52). À medida que R cresce, o perfil vai se achatando cada vez mais.

Definindo o **coeficiente de resistência** f através da relação

$$\Delta p = f \frac{\ell}{a} \frac{1}{2} \rho \, \bar{v}^2 ,$$

vemos que, no caso laminar, ele era dado por $f = f(R) = 16/R$. No caso turbulento, $f = f(R)$ é dado por uma fórmula semi–empírica obtida por Blasius:

$$f(R) = \frac{0,133}{R^{1/4}} \quad (2 \times 10^3 \lesssim R \lesssim 10^5).$$

No gráfico da Fig. II.53 mostramos $f(R)$ em função do número $R = a\bar{v}/\nu$.

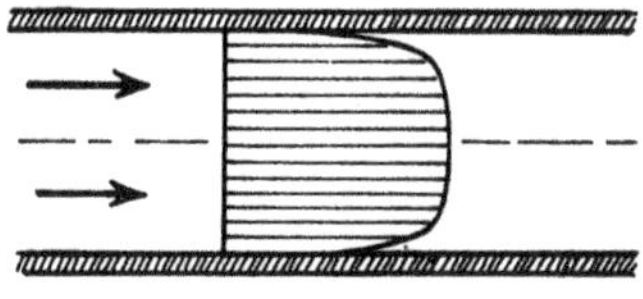

Fig. II.52

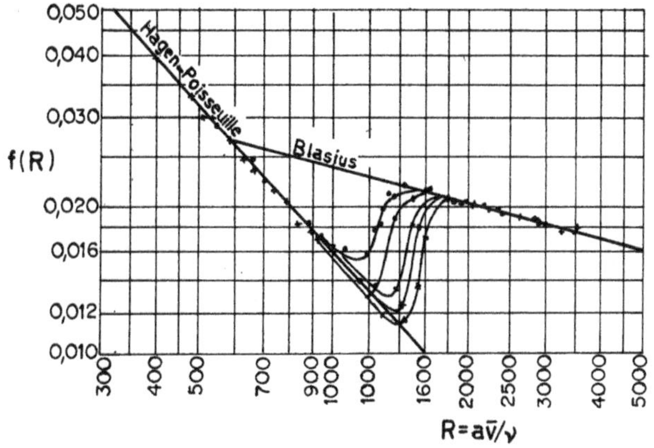

Fig. II.53

O número de Reynolds crítico R_c, isto é, quando ocorre a transição laminar → turbulento, é $R_c \simeq 1400$.

Para termos uma ordem de grandeza da velocidade crítica num tubo capilar, no caso de escoamento de água, consideremos $a = 0{,}01$ cm. Como $\nu_{H_2O} =$ $= 0{,}01$ obtemos: $v_c = \nu R_c / a = 1400$ cm/s, que é uma velocidade extremamente alta. Entretanto, em escoamentos industriais ou em encanamentos caseiros, temos $a = 10$ cm, donde tiramos $v_c = 1{,}4$ cm/s. Essa velocidade daria um fluxo $\tilde{Q} = \pi a^2 v_c \simeq 440$ cm^3/s, que é pouco superior a 25 litros/min e que pode ser considerado muito pequeno. Assim, em geral, nos escoamentos caseiros e em tubos industriais os fluxos são **turbulentos**. Somente para fluidos muito viscosos, como, por exemplo, para petróleo, o regime se mantém laminar.

As rugosidades e asperezas no interior dos tubos têm a tendência de aumentar muito o fator $f(R)$, como podemos ver no livro do Swanson.

Para o estudo do caso geral de escoamento de um fluido real em tubulações são utilizadas relações semi–empíricas, obtidas através de generalizações das equações de conservação de energia e momento válidas para fluidos ideais (vide, por exemplo, Swanson,Streeter e Fox & McDonald). Assim, ao invés da Eq. (I.3.5), temos, considerando a Fig. II.54,

$$\left[u + \frac{p}{\rho} + \frac{\alpha\bar{v}^2}{2} + gz\right]_1 = \left[u + \frac{p}{\rho} + \frac{\alpha\bar{v}^2}{2} + gz\right]_2 + \Delta\omega_{\text{mec}} + \Delta q\,,$$

onde α é um parâmetro, $\Delta\omega_{\text{mec}}$ um fator que leva em conta a troca de trabalho mecânico do fluido com o ambiente e Δq as trocas de calor do fluido com o ambiente. Devido ao fato de $\rho =$ constante, o fluxo $\tilde{Q}$ é dado por $\tilde{Q} = \bar{v}_1 A_1 =$ $= \bar{v}_2 A_2$, que é a expressão da equação de continuidade. Como a variação da energia interna é dada por $u_1 - u_2 = \Delta q + \Delta\omega_{\text{atrito}}$, onde $\Delta\omega_{\text{atrito}}$ é o trabalho (por unidade de massa) gerado pelas forças de viscosidade. Como $\Delta\omega_{\text{atrito}} =$ $= \Delta p_{\text{atrito}}/\rho$, onde Δp_{atrito} é a variação de pressão devida à viscosidade, a equação escrita acima fica:

$$\left[\frac{p}{\rho} + \frac{\alpha\bar{v}^2}{2} + gz\right]_1 = \left[\frac{p}{\rho} + \frac{\alpha\bar{v}^2}{2} + gz\right]_2 - \frac{\Delta p_{\text{atrito}}}{\rho} + \Delta\omega_{\text{mec}}\,,$$

que é usada como ponto de partida para o estudo de problemas práticos em hidráulica (consultar, por exemplo, Fox & McDonald,Streeter e Swanson).

II.10. CORPOS AERODINÂMICOS

Conforme vimos nos capítulos anteriores, a força de resistência sobre um corpo seria bem menor, para um dado R, se o escoamento fosse laminar, ou seja, se não aparecessem vórtices. Assim, se de algum modo não houver descolamento da camada–limite ou se o descolamento ocorrer o mais longe possível da montante do corpo, menor será a resistência gerada pelo fluido. Experimentalmente, verifica–se que os corpos arredondados na parte dianteira e afilado na traseira, como uma asa de pássaro ou de avião, ou como um peixe, são aqueles nos quais a camada–limite se mantém sem se descolar ao longo da maior parte de sua superfície. Eles são denominados de **corpos aerodinâmicos** ou **aerofólios**. Estes corpos apresentam uma esteira fina para pequenos ângulos de inclinação α (vide Fig. II.55).

Vamos agora analisar a variação do escoamento em torno de um aerofólio, pouco inclinado em relação ao fluxo principal, em função do tempo, no caso não–laminar: nos primeiros instantes ($t \cong 0$), o fluxo é laminar e não há circulação (fluxo potencial). A característica mais importante nesse estágio é que a

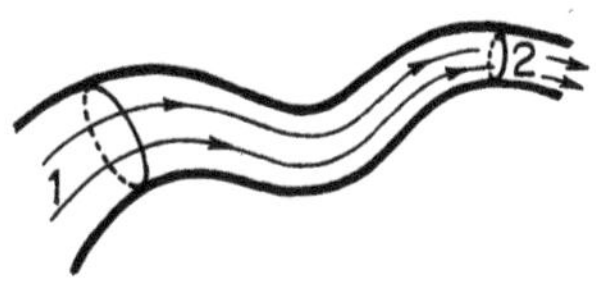

Fig. II.54

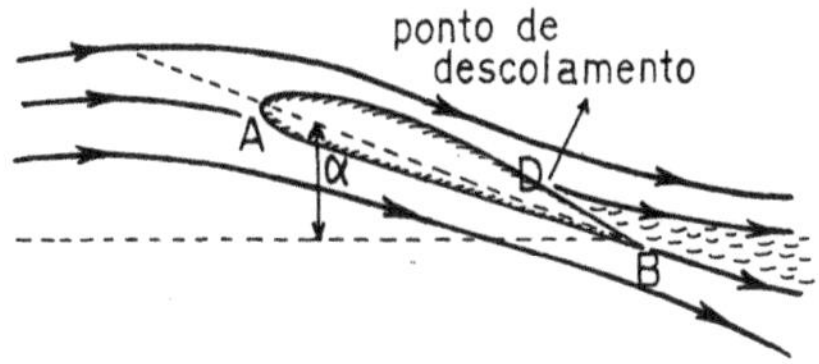

Fig. II.55

velocidade no bordo de fuga é muito grande (vide Secs. I.12 e I.13). No início do escoamento, o efeito da viscosidade do fluido não se faz sentir devdo à ausência de elevados gradientes de velocidade. Portanto, para $t \simeq 0$, a circulação Γ em torno do aerofólio deve ser nula. Devido a $v \to \infty$ no bordo de fuga surgirão enormes gradientes de velocidade na região que produzirão, por sua vez, forças tangenciais consideráveis. Surge, então, a rotação de partículas do fluido nas vizinhanças do bordo de fuga, gerando o chamado **vórtice inicial** com uma circulação não–nula. Nos instantes sucessivos, a circulação aumenta e o ponto de estagnação traseiro começa a se aproximar do bordo de fuga, fazendo com que a velocidade do fluido nesse ponto atinja valores finitos (condição de Joukowsky,Secs. I.12 e I.13). Num determinado instante, o vórtice se destaca e a circulação que vinha aumentando se estabiliza com um valor Γ. Nessas condições, os gradientes de velocidade só se fazem sentir nas camadas–limites que envolvem o corpo. Posteriormente, o vórtice que se destacou acaba sumindo, destruído na esteira do corpo. Esquematicamente, conforme as Figs. II.56, 57 e 58, temos:

$t \simeq 0$ – fluxo potencial ($\Gamma = 0$);

$t_1 > 0$ – o vórtice começa a ser formado próximo a B ($\Gamma \neq 0$);

$t_2 > t_1$ – o vórtice se destaca e a circulação se estabiliza com um certo valor Γ.

Consideremos, num instante t_2, uma curva γ muito distante do aerofólio e do vórtice, de tal maneira que, ao longo de γ, possamos considerar o escoamento como perfeito (Fig. II.59).

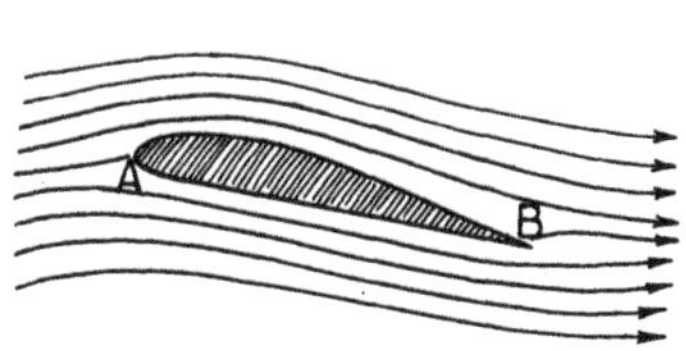

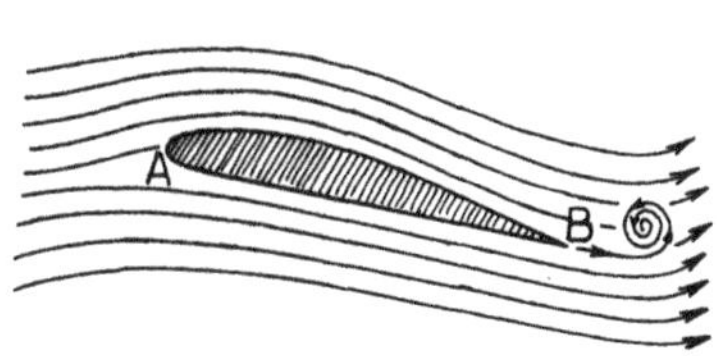

Figs. II.56 e 57

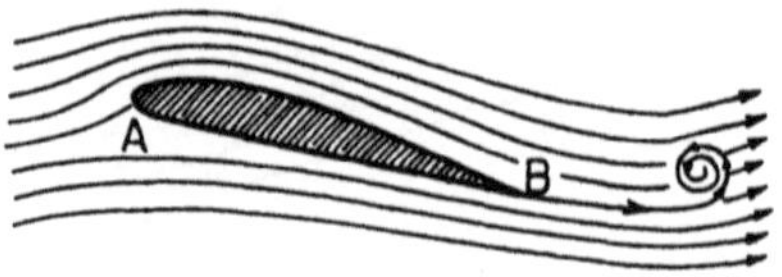

Fig. II.58

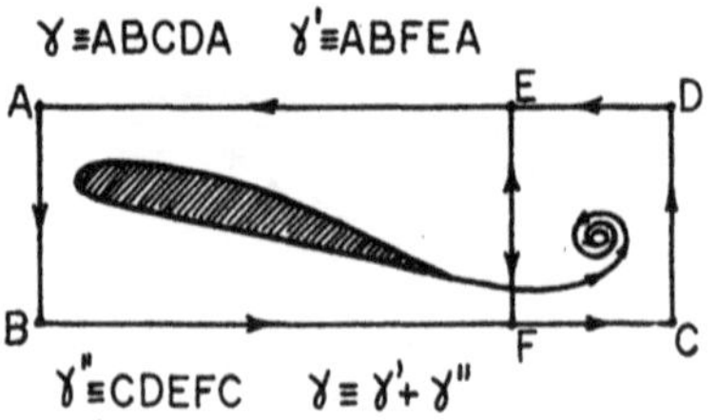

Fig. II.59

Supondo que o fluxo incidente seja potencial, temos $\oint_\gamma \vec{v}\cdot d\vec{l} = 0$, de acordo com a Sec. I.6. Segundo o teorema de Thomson, Sec. I.5, a circulação deve permanecer nula. Ora, como

$$\oint_\gamma \vec{v}\cdot d\vec{l} = 0 = \oint_{\gamma'} \vec{v}\cdot d\vec{l} + \oint_{\gamma''} \vec{v}\cdot d\vec{l}\,,$$

e na região envolvida por γ'' há um vórtice, ou seja, há uma circulação anti–horária (vórtice positivo), $\oint_{\gamma''} \vec{v}\cdot d\vec{l} = \Gamma \neq 0$, concluímos que, em torno do aerofólio, deve também existir uma circulação $\oint_{\gamma'} \vec{v}\cdot d\vec{l} = -\,\Gamma$ (vórtice negativo). Como estamos admitindo que em torno do corpo o escoamento é ideal, excetuando–se regiões muito próximas da superfície do corpo, onde temos a camada–limite, podemos aplicar o que foi visto na Sec. I.14. Assim, de acordo com a Eq. (I.14.2), temos

$$\left.\begin{aligned} F_D &= 0\ , \\ F_L &= \rho V \Gamma = 4\pi a V^2 \rho\, \mathrm{sen}(\alpha+\beta)\ , \end{aligned}\right\} \qquad \text{(II.10.1)}$$

pois a circulação $\Gamma = 4\pi V a\, \mathrm{sen}(\alpha+\beta)$.

Como a corda c do aerofólio é dada por $c = 4a$ e definimos C_L = coeficiente de sustentação (lift) = $F_L/\frac{1}{2}\rho V^2 c$, obtemos:

$$C_L = 2\pi\, \mathrm{sen}(\alpha+\beta), \qquad \text{(II.10.2)}$$

que é mostrado, esquematicamente, na Fig. II.60 em função do ângulo α, medido em graus.

Quando α começa a ficar grande ($\alpha \gtrsim \alpha_c$), não há a formação de um único vórtice que se destaca do aerofólio, como vimos antes, onde a condição de Joukowsky pode ser aplicada. A região de turbulência se torna grande e fica próxima ao perfil, conforme ilustramos na Fig. II.61.

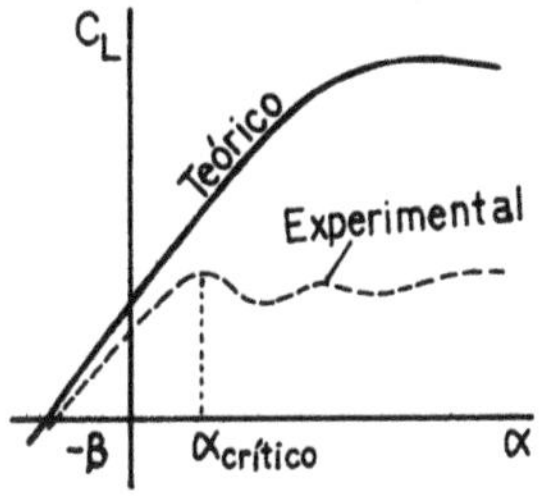

Fig. II.60

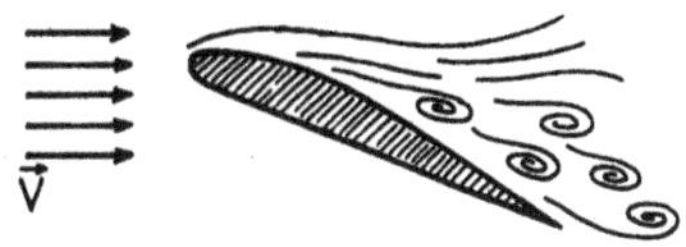

Fig. II.61

Nessas condições, o coeficiente de resistência cresce muito, fazendo o avião perder velocidade (**stall**). Nas Figs. II.62 e II.63, onde C_D = coeficiente de resistência = $F_D/\frac{1}{2}\,\rho V^2 c$, num caso real.

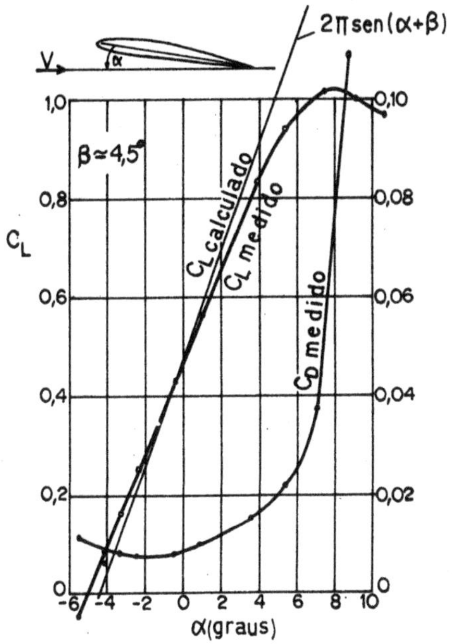

Figs. II.62

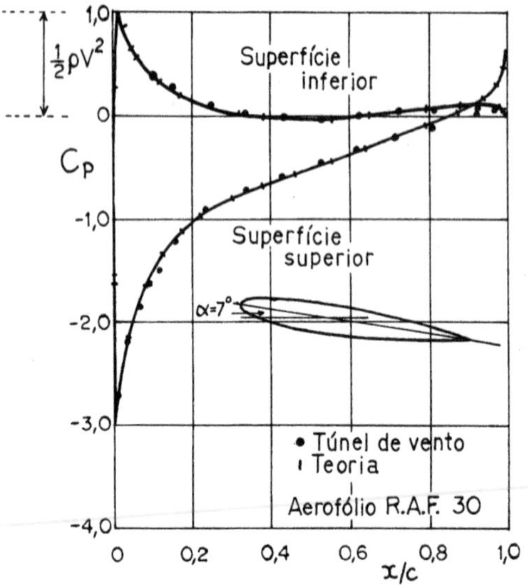

Fig. II.63

Tendo determinado o valor da circulação Γ, podemos usá–la para calcular a distribuição de pressões sobre o aerofólio através do teorema de Bernouilli. Costuma–se definir o coeficiente de pressão $C_p = (p - p_\infty)/\frac{1}{2}\rho V^2$. Vemos, na Fig. II.63, o coeficiente C_p para um aerofólio do tipo R.A.F.30 em função de x/c, onde x é a distância do nariz medida a partir do ponto onde a corda passa. O ângulo de inclinação do perfil é $\alpha = 7^o$. Há um bom acordo entre teoria e experiência, exceto nas proximidades do bordo de fuga e do nariz. Notamos que $\alpha_c \simeq 8^o$.

A distribuição de pressões, que gera a sustentação, pode ser vista também na Fig. II.64. Observando o escoamento de fluido em torno de um aerofólio, em um túnel de vento, com o auxílio de filetes de fumaça, veríamos que a velocidade do fluido é maior na parte superior do perfil. Essas diferenças de velocidades dão origem às diferenças de pressão sustentando o aerofólio, segundo interpretação mais simples usada para explicar gradientes de pressão devidos às diferenças de velocidade (Sec. I.7.A). Isso está ilustrado no livro **Fluidodinâmica**, de Ruy C.C. Vieira, pág. 125.

Vemos, na Fig. II.65, a influência do número de Reynolds sobre C_L para um dado perfil. A variação de C_D com R para valores constantes de α pode ser

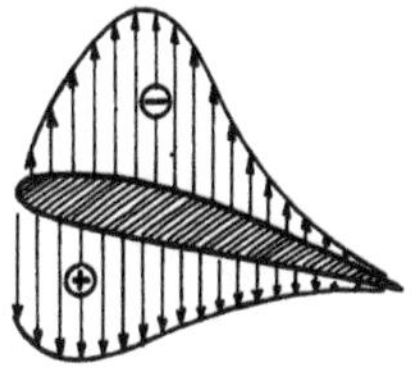

Fig. II. 64

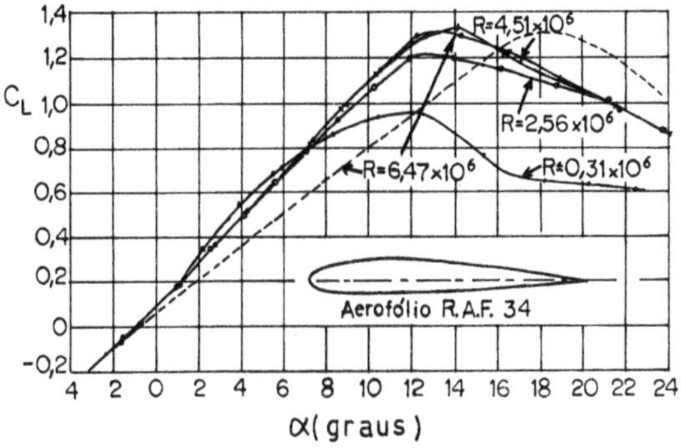

Figs. II.65

observada na Fig. II.66, a qual também inclui C_D para escoamentos laminar e totalmente turbulento para uma placa plana, paralela ao fluxo principal.

A resistência é devida a dois fatores: **atrito** (**frictional drag**) e **pressão** (**form drag**), como já analisamos na Sec. II.5. Para baixos valores de R, uma parte apreciável do atrito é associada ao fluxo laminar, e o fato de C_D ser relativamente grande, conforme a Fig. II.6, se deve à existência de um **form drag** grande. À medida que R cresce o **form drag** diminui e o **frictional drag** turbulento cresce: C_D passa por um mínimo e depois torna a subir, cruzando o C_D turbulento de uma placa plana.

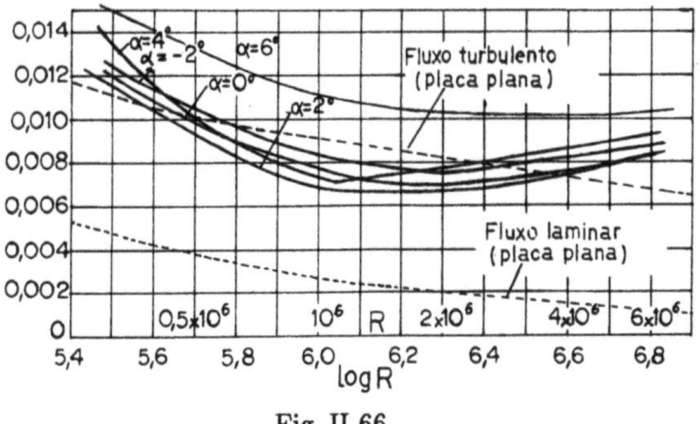

Fig. II.66

Existem muitas outras curvas teóricas e experimentais para $C_L \times \alpha$, $C_L \times R$, $C_D \times R$, $(C_D/C_L) \times R$, etc., conforme vemos, por exemplo, no *Modern*

Developments in Fluid Dynamics (II). Entretanto, para finalizar esta parte referente aos aerofólios bidimensionais, vamos mostrar somente mais um gráfico, o de C_D em função de α e R, visto na Fig. II.67.

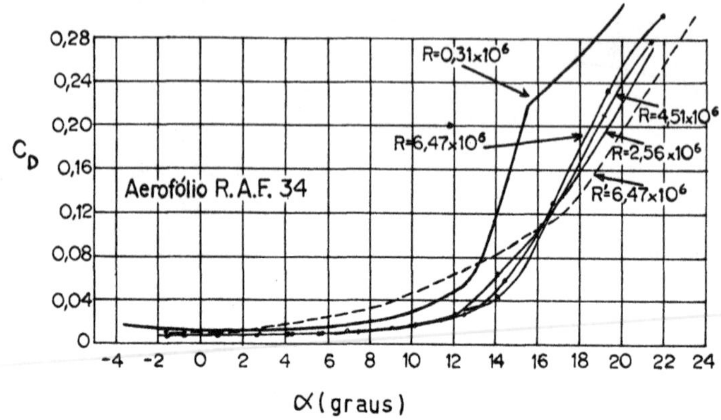

Fig. II.67

No caso de uma **tábua**, vimos que a força de sustentação (Sec. I.13) C_L era dada por $F_L = 2\pi\rho V^2 d \operatorname{sen}\alpha\cos\alpha$. Como o comprimento da tábua é $c = 2d$, o coeficiente C_L fica:

$$C_L = \frac{F_L}{\frac{1}{2}\rho V^2 c} = 2\pi \operatorname{sen}\alpha\cos\alpha\,.$$

Da mesma maneira que para o aerofólio, verifica–se que essa previsão dá bons resultados para pequenos valores de α. Como uma aplicação simples, imaginemos um papagaio sustentado por F_L (Fig. II.68). Se $F_L > mg$, o papagaio sobe, diminuindo α e equilibrando F_L com o peso. O momento devido a $\vec{F}_L$ foi calculado na Sec. I.13.

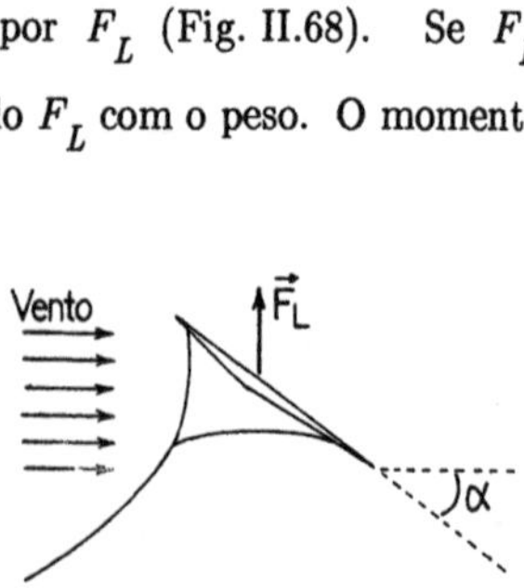

Fig. II.68

II.11. EFEITO MAGNUS

Quando um corpo de forma qualquer se translada em um fluido, sua trajetória é desviada se ele tem um **spin**. Isso ocorre porque a rotação e a translação se combinam gerando uma força que será a causadora do desvio. Esse fenômeno chama–se efeito Magnus.

Veremos como calcular, numa primeira aproximação, a força que age sobre um cilindro que gira em torno de seu eixo de simetria.

Se o cilindro não estiver girando e for colocado num fluxo, com velocidade uniforme V, teremos o escoamento visto na Fig. II.69, quando $R \gg 1$. Porém, se o cilindro estiver girando (sentido anti–horário) o fluxo será diferente, como é mostrado na Fig. II.70. O fluido, sendo arrastado pelo cilindro, diminui muito a esteira, que se torna bem estreita. Sendo o rastro relativamente estreito, podemos usar a mesma aproximação que adotamos para estudar o escoamento de um fluido real em torno de um aerofólio (Sec. II.10). Portanto, assumiremos que o escoamento em torno de um cilindro que gira em torno de seu eixo de simetria pode ser descrito, considerando–se o fluido como ideal. Assim, o caso real é substituído pelo caso ideal em que temos um cilindro com um vórtice positivo em torno e imerso num fluxo uniforme, conforme estudamos na Sec. I.8.A. A função potencial $\Omega(z)$ associada ao sistema é dada pela relação: $\Omega(z) = -V(z+a^2/z) - i(\Gamma/2\pi)\ln z$. Segundo o que foi estudado em I.7.P, quando $\Gamma/4\pi Va < 1$, temos dois pontos de estagnação sobre o cilindro de raio a. Corresponde, no caso real, ao que é mostrado na Fig. II.70. Se $\Gamma/4\pi Va \geq 1$, temos algo como o que é mostrado nas Figs. II.71 e 72. Observando a formação de vórtices com o tempo, vê–se que, para $\alpha < 1$, onde $\alpha = \omega a/V$ e ω é a velocidade angular do cilindro, há sempre vórtices encostados no cilindro. Eles se formam, crescem com o tempo, se desprendem da superfície do cilindro e são arrastados pela corrente. Mas, quando um está sendo arrastado, outro já se formou próximo ao cilindro. Porém, quando $4 \gtrsim \alpha > 1$, surge um vórtice que se desprende e, enquanto isso, não surgiu outro nas vizinhanças do corpo. A Fig. II.73 mostra isso esquematicamente.

Figs. II.69

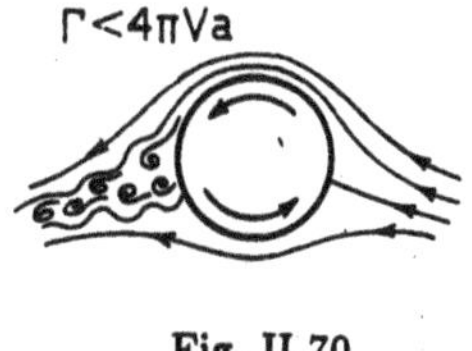

Fig. II.70

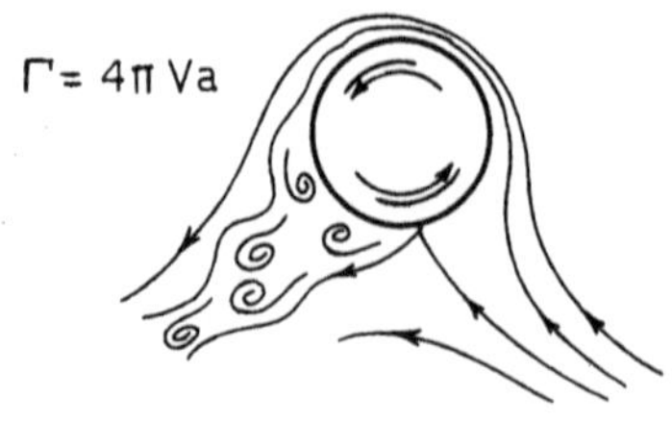

Fig. II.71

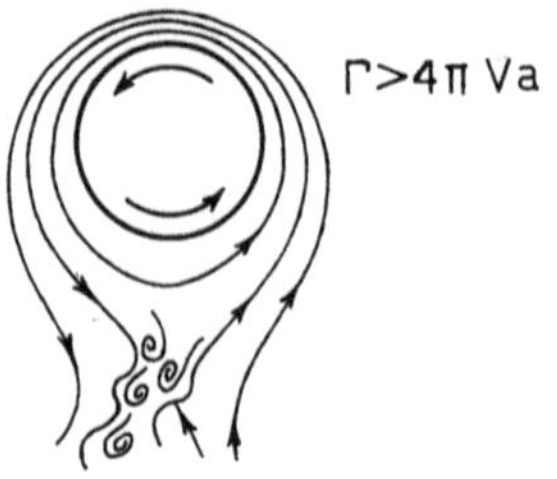

Fig. II.72

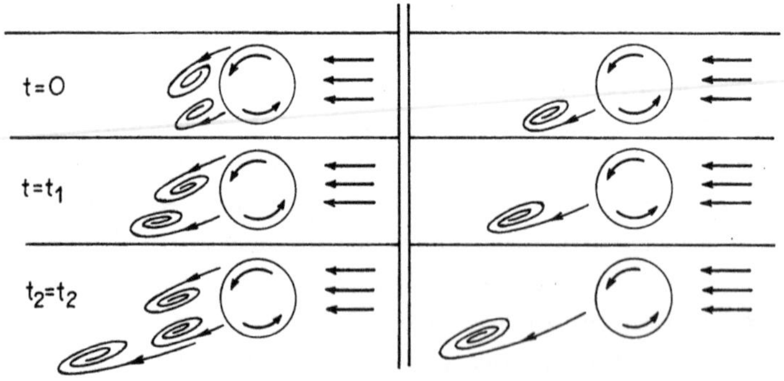

Figs. II.73

Quando $\alpha > 4$, os vórtices que se formam não têm tempo de se desprender do turbilhão gerado pela rotação do cilindro em torno de seu eixo. Assim, é de se esperar que a aproximação potencial (fluido ideal) valha para $4 \gtrsim \alpha > 1$. Segundo os cálculos vistos em I.10, a força de **lift** $\mathcal{F}_L = \rho V \Gamma$, conseqüentemente, o coeficiente de **lift**, que é definido por $C_L = \mathcal{F}_L / \frac{1}{2} \rho V^2 (2a) = \Gamma / Va$, vai ficar em função do parâmetro Γ que precisamos determinar.

Para calcular Γ assumiremos que o cilindro esteja girando com velocidade angular ω, no interior de um fluido em repouso. Ora, como sabemos, o fluxo é potencial somente para $r \geq a + \delta$, onde δ é a espessura da camada–limite que está em contacto com o cilindro (Fig. II.74). Como toda a rotacionalidade do fluido está contida na região interna a $\gamma = \gamma_1 + \gamma_2$, devemos esperar que a circulação Γ seja dada por $\Gamma = \oint_\gamma \vec{v} \cdot d\vec{s}$. Por outro lado, como o fluxo é potencial para $r \geq a + \delta$ devemos ter $\oint_{\gamma_2} \vec{v} \cdot d\vec{s} = -\Gamma$. Admitindo aderência perfeita do fluido sobre a superfície do cilindro, teremos $v_\theta \ (r = a, \theta) = \omega a$, o que nos leva a $\oint_{\gamma_1} \vec{v} \cdot d\vec{s} = 2\pi\omega a^2$. Assim, como

$$\Gamma = \oint_{\gamma_1} \vec{v} \cdot d\vec{s} + \oint_{\gamma_2} \vec{v} \cdot d\vec{s} = 2\pi\omega a^2 - \Gamma$$

decorre $\Gamma = \pi\omega a^2$.

Desse modo, o coeficiente de **lift** é dado por $C_L = \pi\ \omega a / V = \pi\alpha$, onde o parâmetro α, conforme definimos antes, é dado por $\alpha = \omega a / V$. Na Fig. II.75 vemos C_L em função de α. As previsões teóricas para C_L, obtidas com a aproximação potencial, são razoáveis somente no intervalo $4 \geq \alpha > 1$, conforme discutido anteriormente.

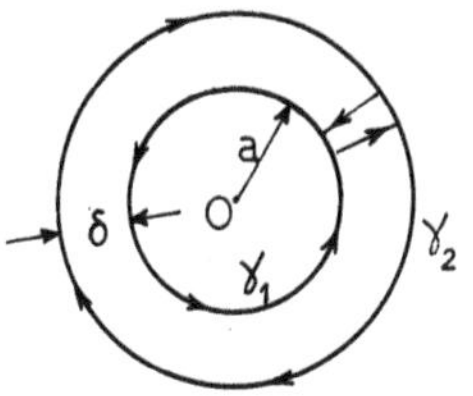

Fig. II.74

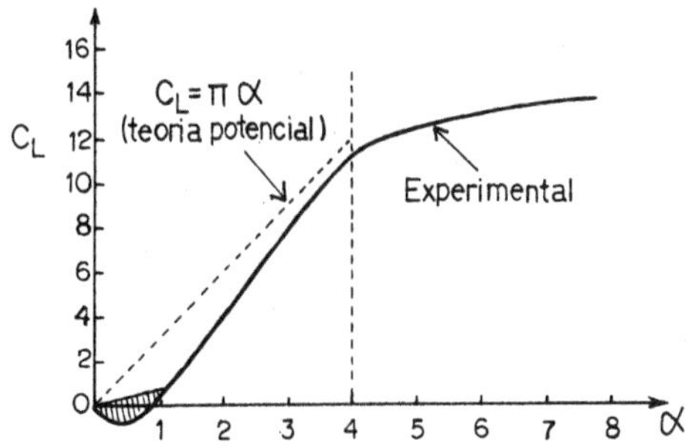

Fig. II.75

De acordo com o que foi analisado na Sec. I.7.P, o ponto $\alpha = 4 = \omega a / V$ implica que o modelo ideal funciona bem até o instante em que os pontos de estagnação se encontrem sobre $r = a$. No caso–limite de termos um só ponto de estagnação, $\Gamma = 4\pi V a = \pi\omega a^2$, resultando em $\omega a / V = 4$. Para baixas rotações $(a > 1)$, aparece um **lift** negativo.

Em termos elementares podemos explicar a força $\mathscr{F}_L$ como devida a uma diferença de pressão entre a parte inferior (baixas velocidades) e superior (altas velocidades, conforme esquematizado na Fig. II.76.

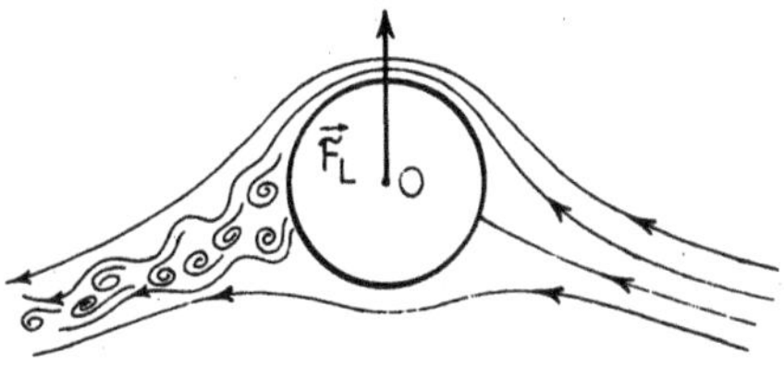

Fig. II.76

BIBLIOGRAFIA

L. Landau et E. Lifshitz. *Mecanique des Fluides*, Éditions Mir, Moscou (1971).

S. Goldstein (Editor). *Modern Developments in Fluid Dynamics*, Vol. I e II,Oxford at the Clarendon Press (1938).

Rui Carlos de Camargo Vieira. *Atlas de Mecanica dos Fluidos*, em 3 volumes: Fluidodinâmica, Estática e Cinemática, Editora Edgard Blücher Ltda. e Editora Universidade de São Paulo (1971).

L. Prandtl and **O. G. Tietjens.** *Fundalmentals of Hydro– and Aeromechanics* e *Applied Hydro– and Aeromechanics*, Dover Pulications, Inc., New York (1934).

W. M. Swanson. *Fluid Mechanics*, Holt, Rinehart and Winston, Inc. (1970).

R. Rauscher. *Introduction to Aeronautical Dynamics*, John Wiley & Sons, Inc., New York (1953).

K. R. Symon. *Mechanics*, Addison–Wesley Publishing Company Inc. (1957).

G. Bruhat. *Mecanique*, Masson & Cie. (1933).

V. L. Streeter. *Mecanica dos Fluidos*, McGraw–Hill do Brasil (1974).

A. Sommerfeld. *Mechanics of Deformable Bodies*, Academic Press, New York and London (1964).

Robert W. Fox e **Alan T. McDonald.** *Introducao a Mecanica dos Fluidos*, Guanabara Dois S.A. (1981).

J. M. Bassalo. *Introducao a Mecanica dos Meios Continuos*, Universidade Federal do Pará (1973).

N. E. Kochin, I. A. Kibel and **N. V. Roze.** *Theoretical Hydrodynamics*, John Wiley and Sons, New York (1965).

I. Shames. *Mecanica dos Fluidos*, 2 vols., Editora Edgard Blücher Ltda., São Paulo (1973).

G. K. Batchelor. *An Introduction to Fluid Dynamics*, Cambridge at the University Press (1970).

K. Huang. *Statistical Mechanics*, John Wiley & Sons, Inc. (1963).

L. Landau et **E. Lifshitz.** *Physique Statistique*, Éditions Mir, Moscou (1967).

LIVROS DE CURSOS BÁSICOS

R. P. Feynman, R. B. Leighton and **M. Sands.** *The Feynman Lectures on Physics*, Vol. II, Addison–Wesley Publishing Company (1967).

F. W. Sears. *Mechanics, Wave Motion and Heat*, Addison–Wesley Publishing Company (1959).

H. M. Nussenzvbeig. *Curso de Fisica Basica*, Editora Edgard Blücher, São Paulo (1981).

N. Fiedler-Ferrara e C. P. C do Prado. "Caos, uma introdução", Ed. Edgard Blücher Ltda. (1994)

A. Bettini et al. "Solitons in Undergraduate Laboratory", *American Journal of Physics*, 51, 977 (1983).

R. V. Jensen. "Classical Chaos", *American Scientist*, Março–Abril, 168 (1987).